T0135961

Thermodynamik

Energie • Umwelt • Technik

Band 14

λογος

Thermodynamik
Energie • Umwelt • Technik

Herausgegeben von Professor Dr.-Ing. Dieter Brüggemann
Ordinarius am Lehrstuhl für Technische Thermodynamik und
Transportprozesse (LTTT) der Universität Bayreuth

Optimierungspotenzial des Organic Rankine Cycle für biomassebefeuerte und geothermische Wärmequellen

Von der Fakultät für Angewandte Naturwissenschaften

der Universität Bayreuth

zur Erlangung der Würde eines

Doktor-Ingenieurs (Dr.-Ing.)

genehmigte Dissertation

vorgelegt von

Dipl.-Geoök. **Ulli Drescher**

aus

Gräfelfing

Erstgutachter: Prof. Dr.-Ing. D. Brüggemann

Zweitgutachter: Prof. Dr.-Ing. H. Spliethoff

Tag der mündlichen Prüfung: 10. Dezember 2007

Lehrstuhl für Technische Thermodynamik und Transportprozesse (LTTT)

Universität Bayreuth

2008

Thermodynamik: Energie, Umwelt, Technik
Herausgegeben von Prof. Dr.-Ing. D. Brüggemann

Ulli Drescher:
Optimierungspotenzial des Organic Rankine Cycle für biomassebefeuerte und geothermische Wärmequellen;
Bd. 14 der Reihe: D. Brüggemann (Hrsg.), „Thermodynamik: Energie, Umwelt, Technik";
Logos-Verlag, Berlin (2007)
zugleich: Diss. Univ. Bayreuth, 2008

Bibliografische Information der Deutschen Nationalbibliothek

Die Deutsche Nationalbibliothek verzeichnet diese Publikation in der Deutschen Nationalbibliografie; detaillierte bibliografische Daten sind im Internet über http://dnb.d-nb.de abrufbar.

ISSN 1611-8421
ISBN 978-3-8325-1912-4

Logos Verlag Berlin GmbH
Comeniushof, Gubener Str. 47,
10243 Berlin
Tel.: +49 030 42 85 10 90
Fax: +49 030 42 85 10 92
INTERNET: http://www.logos-verlag.de

Vorwort des Herausgebers

In den vergangenen Jahren ist das Interesse gewachsen, die bei Prozessen anfallende Abwärme, Wärme von dezentralen Biomasseheizwerken oder geothermische Wärme zur Stromerzeugung zu nutzen. Während in konventionellen Großkraftwerken Strom auf der Grundlage des thermodynamischen Rankine-Prozesses mit Wasser erzeugt wird, sind bei der Umwandlung von Wärme niedrigerer Temperatur andere Stoffe, nämlich organische Fluide, als Arbeitsmedium vorzuziehen.

Solche auf dem Organic Rankine Cycle (ORC) aufbauenden Anlagen sind bereits kommerziell erhältlich und an mehreren Orten in Betrieb. Am Lehrstuhl durchgeführte Studien legten jedoch die Vermutung nahe, dass deren Wirkungsgrad noch deutlich zu steigern sein müsste, wenn man Fluide und Anlagenschaltungen wählt, die für die jeweils vorliegenden Randbedingungen besonders geeignet sind.

Der Autor hat solche ORC-Varianten und den zur geothermischen Stromerzeugung häufig eingesetzten Kalina Cycle (KC) mit einem Gemisch aus Ammoniak und Wasser untersucht. Im Mittelpunkt steht dabei das Ziel, die Wirkungsgrade verschiedener Varianten für biomassebefeuerte und geothermische Anlagen systematisch zu vergleichen und hieraus Entscheidungshilfen und Verbesserungsvorschläge zu erarbeiten.

Methodik und Ergebnisse seiner Untersuchungen stellt er im vorliegenden Band vor.

Bayreuth, im März 2008   Professor Dr.-Ing. Dieter Brüggemann

Vorwort des Autors

Die vorliegende Arbeit entstand während meiner Tätigkeit als wissenschaftlicher Mitarbeiter am Lehrstuhl für Technische Thermodynamik und Transportprozesse der Universität Bayreuth. Dessen Leiter Herrn Prof. Dr.-Ing. Brüggemann danke ich, dieses innovative Thema am Lehrstuhl aufgegriffen und meine Arbeiten nachhaltig unterstützt zu haben.

Herrn Prof. Dr.-Ing Spliethoff danke ich für die Übernahme des Korreferats sowie den weiteren Mitgliedern der Promotionskommission Frau Prof. Dr. Freitag und Herrn Prof. Dr.-Ing. Jess.

Weiterhin bedanke ich mich bei allen Mitarbeitern des Lehrstuhls für die stete Diskussionsbereitschaft und die angenehme Arbeitsatmosphäre. Besonderer Dank gilt meiner Diplomandin Katharina Lang für ihre engagierte Arbeit.

Wertvolle Anregungen aus der Praxis verdankt meine Dissertation der Zusammenarbeit mit der Gesellschaft für Motoren und Kraftanlagen mbH, namentlich Herrn Dipl.-Chem. René Niesner und Herrn Dipl.-Ing. (FH) Henry Schwarz.

Prof. em. Dr.-Ing. Wolfgang Wagner danke ich für die zur Verfügungsstellung der Software Fluidcal.

Rostock, im April 2008   Ulli Drescher

Kurzfassung

In dieser Arbeit werden die Optimierungspotenziale der Stromerzeugung aus fester Biomasse und Geothermie mit dem Organic Rankine Cycle (ORC) ermittelt. Anlass hierfür sind die derzeit noch unbefriedigenden Wirkungsgrade in beiden Fällen. Mögliche Optimierungspfade sind eine verbesserte Fluidauswahl und angepasste Anlagenkonzepte. Für eine systematische Analyse ist eine Software entwickelt worden, die die Kreislaufberechnung mit einer thermodynamischen Stoffdatenbank koppelt. Die Wärmequellen Biomassefeuerung und Thermalwasser weisen bedingt durch ihre jeweiligen Temperaturniveaus unterschiedliches Verhalten auf. Dieses wird in der Software abgebildet und berücksichtigt. Angepasste Anlagenkonzepte für das jeweilige Einsatzgebiet werden vorgeschlagen und mit bekannten Konzepten verglichen. Im Biomassebereich sind dies ein zweiter Thermoölkreislauf, die Aufspaltung des Massenstroms und die Luftvorwärmung. Für den geothermischen ORC sind der zweistufige und der überkritische ORC mögliche Optimierungsstrategien. Im Bereich Geothermie wird der ORC explizit mit der viel diskutierten Konkurrenztechnologie Kalina Cycle verglichen. Die thermodynamischen Berechnungen hierfür erfolgen mit einer vorhandenen Software. Die Ergebnisse zeigen, dass in beiden Anwendungsbereichen deutliche Wirkungsgradsteigerungen möglich sind. Für das jeweilige Einsatzgebiet führen unterschiedliche Fluide und Anlagenkonzepte zum Erfolg.

Im Bereich Biomasse sind Fluide mit einer hohen Verdampfungsenthalpie zu empfehlen und eine Erhöhung der Prozesstemperatur ist anzustreben. In der Familie der Alkylbenzole finden sich hierfür geeignete Fluide. Das Anlagenkonzept hat großen Einfluss auf den Wirkungsgrad. Das beste Ergebnis weist eine Massenstromaufspaltung kombiniert mit einer Luftvorwärmung auf. Ein interner Rekuperator ist für einen effizienten Betrieb unverzichtbar. Der in diesem Bauteil entstehende Druckverlust beeinflusst die Effizienz und die Fluidauswahl erheblich.

Für die geothermische Stromerzeugung sind Fluide mit einer niedrigen Verdampfungsenthalpie vorteilhaft. Das Anlagenkonzept des mehrstufigen ORC und der überkritische ORC führen zu deutlichen Effizienzgewinnen. Geeignete Fluide sind kurzkettige Alkane und teilfluorierte Kohlenwasserstoffe. Auf den kostenintensiven Rekuperator kann in manchen Fällen verzichtet werden. Ab Thermalwassertemperaturen von etwa 125 °C ist der ORC energetisch im Vorteil gegenüber dem Kalina Cycle. Das Kühlkonzept und die erreichbare untere Prozesstemperatur sind sowohl für den Kalina Cycle als auch den ORC von wesentlicher Bedeutung.

Abstract

In this study, the potential of optimisation is determined for power generation by solid biomass and geothermal heat sources using Organic Rankine Cycle. The incentive is the unsatisfying low efficiency in both areas. Possible optimisation paths are fluid selection and adapted plant designs. For a systematic analysis, software has been developed that combines power cycle calculation with a thermodynamic database. The heat sources biomass combustion and thermal water show different characteristics due to their particular temperature level. This behaviour is implemented in the software. Adapted plant designs for each field of application are proposed. They are compared with known concepts. For biomass, these are a second thermal oil cycle, mass flow splitting and air preheating. For the geothermal ORC, possible optimization strategies are the double-stage ORC and the supercritical ORC. The geothermal ORC is compared with the often discussed competitive technology Kalina Cycle. For this cycle, calculations are made with existing software. The results show that significantly higher efficiencies are possible for both fields of application. For each field, different fluids and plant designs are successful.

For biomass, fluids with a high vaporisation enthalpy are recommended and a higher process temperature is a worthwhile aim. Adequate fluids can be found in the family of alkybenzenes. The plant design influences strongly the efficiency. Best result shows mass flow splitting combined with air preheating. An internal recuperator is necessary for sufficient efficiency. The pressure drop in this apparatus has great influence on efficiency and fluid selection.

For geothermal power generation, fluids with low enthalpy of vaporization are advantageous. The double-stage ORC and supercritical ORC show significantly higher efficiencies than the single-stage basic ORC. Adequate fluids are short-chain alkanes and partially fluorinated hydrocarbons. The expensive internal recuperator is not in all cases necessary. Above thermal water temperatures of 125 °C, ORC is more efficient than Kalina Cycle. The cooling concept and the reachable lower process temperature have great impact both on ORC and Kalina Cycle.

Inhaltsverzeichnis

Abbildungsverzeichnis

Tabellenverzeichnis

Nomenklatur

Abkürzungen

BAT	Biologischer Arbeitsplatz-Toleranzwert
BV	Basisvariante
DD	Dampfdruck
DFG	Deutsche Forschungsgemeinschaft
DIPPR	Design Institute for Physical Properties
ECO	Economiser
EEG	Erneuerbare Energien Gesetz
EOS	Zustandsgleichung (Equation of State)
GET	Gesellschaft für Energietechnik mbH
GMK	Gesellschaft für Motoren und Kraftanlagen mbH
GWP	Global Warming Potential
IR	Interner Rekuperator
KCS	Kalina Cycle System
LuVo	Luftvorwärmer
MAK	Maximale-Arbeitsplatz-Konzentration
MSA	Massenstromaufspaltung
OMTS	Oktamethyltrisiloxan
ORC	Organic Rankine Cycle
SG	System Geotherm
TÖK	Thermoölkreislauf
Tu	Turboden Srl
Turb	Turbine
ÜK	Überkritisch
VD	Verdampfer

Formelzeichen

B	Parameter der Peng-Robinson-Zustandsgleichung [1]
$\dot{H}$	Enthalpiestrom [kW]
$\dot{H}_{zu}$	Zugeführter Enthalpiestrom [kW]
H_i	Heizwert [kJ/(kg K)]
$H_{i,\,lutro}$	Heizwert von lufttrockenem Holz [kJ/(kg K)]
$H_{i,\,atro}$	Heizwert von absolut trockenem Holz [kJ/(kg K)]
H_{TW}	spezifische Enthalpiedifferenz des Thermalwassers zwischen $T_{TW,max}$ und $T_{KW,min}$ [kJ/(kg K)]
P	Leistung [kW]
$\dot{Q}$	Wärmestrom [kW]
R	spezifische Gaskonstante [kJ/(kg K)]
T	Temperatur [K]
T_A	Temperatur am Anfang einer Zustandsänderung [K]
T_{AI}	Selbstentzündungstemperatur [K]
T_B	Normalsiedetemperatur [K]
T_c	Kritische Temperatur [K]
T_E	Temperatur am Ende einer Zustandsänderung [K]
T_{kon}	Kondensationstemperatur [K]
$T_{KW,min}$	minimale Temperatur des Kühlwassers [K]
T_m	thermodynamische Mitteltemperatur der Wärmeaufnahme [K]
T_s	Schmelztemperatur [K]
$T_{TW,aus}$	Austrittstemperatur des Thermalwassers [K]
$T_{TW,max}$	maximale Temperatur des Thermalwassers [K]
T_V	Verdampfungstemperatur [K]
WG	Wassergehalt [kg/kg]
Z	Parameter der Peng-Robinson-Zustandsgleichung [1]

a	Parameter der Peng-Robinson-Zustandsgleichung [kJ m³/(kg²)]
b	Parameter der Peng-Robinson-Zustandsgleichung [m³/kg]
c_F	Wärmekapazität der flüssigen Phase [kJ/(kg K)]
c_P^{IG}	Wärmekapazität im Ideal-Gas-Gebiet [kJ/(kg K)]
h	spezifische Enthalpie [kJ/kg]
h_{AFT}	spezifische Enthalpie bei adiabter Flammentemperatur [kJ/kg]
h^{IG}	spezifische Enthalpie im Ideal-Gas-Gebiet [kJ/kg]
h^L	spezifische Enthalpie der flüssigen Phase [kJ/kg]
h_{ref}	spezifische Enthalpie im Referenzzustand [kJ/kg]
h^{Vap}	spezifische Enthalpie der Verdampfung [kJ/kg]
m	Masse [kg]
$\dot{m}_{BS}$	Massenstrom des Brennstoffs [kg/s]
$\dot{m}_{KP}$	Massenstrom des Arbeitsmittels im Kreisprozess [kg/s]
$\dot{m}_{TW}$	Massenstrom des Thermalwassers [kg/s]
p	Druck [Pa]
p_A	Druck am Anfang einer Zustandsänderung [Pa]
p_B	Druck des Normalsiedepunktes (101325 Pa) [Pa]
p_c	Kritischer Druck [Pa]
p_E	Druck am Ende einer Zustandsänderung [Pa]
p_{kon}	Kondensationsdruck [Pa]
s	spezifische Entropie [kJ/(kg K)]
s^L	spezifische Entropie der flüssigen Phase [kJ/(kg K)]
s^{IG}	spezifische Entropie im Ideal-Gas-Gebiet [kJ/(kg K)]
s^{Vap}	spezifische Entropie der Verdampfung [kJ/(kg K)]
u	Holzfeuchte [kg/kg]
v	spezifisches Volumen [m³/kg]
w	spezifische Arbeit [kJ/kg]
x	Dampfanteil [kg/kg]
y	Konzentrationsanteil [kg/kg]

α	Wärmeausbeute [kW/kW]
β	Stromausbeute / Elektrischer Wirkungsgrad [kW/kW]
Φ	Kesselwirkungs- bzw. Wärmeausnutzungsgrad [kW/kW]
η_{DP}	Wirkungsgrad des enthalpischen Dreiecksprozesses [kW/kW]
η_{el}	Elektrischer Wirkungsgrad [kW/kW]
η_{IR}	Wirkungsgrad des internen Rekuperators [kW/kW]
η_{KP}	Wirkungsgrad des Kreisprozesses [kW/kW]
η_{RP}	Wirkungsgrad des Referenzprozesses [kW/kW]
η_{SDP}	Wirkungsgrad des entropischen Dreiecksprozesses [kW/kW]
λ	Verbrennungsluftverhältnis [1]
ω	Brennstoffausnutzungsgrad [kW/kW]

1 Einleitung

Elektrischer Strom ist für entwickelte Gesellschaften eine unabdingbare Grundlage. Die all-gegenwärtige Verfügbarkeit elektrischer Energie ermöglicht einen hohen Lebensstandard, bringt aber auch negative Begleiterscheinungen mit sich. Die Stromerzeugung basiert welt-weit ungefähr zu zwei Dritteln auf der Verbrennung fossiler Energierohstoffe und zu jeweils einem Sechstel auf Atom- bzw. Wasserkraft [*IEA* 2005]. Um die Nachteile der fossilen und nuklearen Energieträger wie Umweltbeeinflussung, Endlichkeit der Ressourcen und politische Abhängigkeiten zu umgehen, setzen einige Länder vermehrt auf regenerative Energiequellen und rationale Energieanwendung. Regenerative Energiequellen wie Wind und Sonne sind verbunden mit einer hohen Leistungsfluktuation. Das Potenzial der Wasserkraft ist oft schon gut erschlossen und auf Grund des hohen Bedarfs an meist hochwertiger landwirtschaftlicher Fläche nicht unumstritten. Geothermie und Biomasse bieten dagegen die Möglichkeit einer konstanten Stromerzeugung, verbunden mit geringen Nebeneffekten. Um mit diesen beiden Energiequellen sinnvoll elektrischen Strom erzeugen zu können, bedarf es geeigneter Energie-wandlungsmaschinen.

Die Biomasse gliedert sich in die drei Bereiche gasförmige, flüssige und feste Biomasse. Während sich für flüssige und gasförmige Biomasse die interne Verbrennung in Kolbenmoto-ren anbietet, gibt es im Bereich fester Biomasse mehrere Konzepte. In großen Anlagen kann ähnlich wie bei festen fossilen Rohstoffen der klassische Rankine Cycle mit Wasser als Arbeitsmittel zum Einsatz kommen. Dies geschieht überwiegend im Bereich von Altholz-anlagen. Bei der Nutzung von Waldholz ist jedoch eine obere Leistungsgrenze durch be-schränkte Transportwege gegeben. Somit können hier nur kleinere Anlagen realisiert werden, die primär der Wärmeerzeugung dienen und in denen Strom als Nebenprodukt ausgekoppelt wird. Wasser als Arbeitsfluid würde in der typischen Leistungsklasse von 200 kW$_{el}$ bis 2000 kW$_{el}$ zu sehr schnell drehenden Turbinen mit einem niedrigen Maschinenwirkungsgrad führen [*Ray* und *Moss* 1966]. Auch ist der Aufwand für die durch den Einsatz von Wasser bedingten hohen Drücke bei kleinen Anlagen zu hoch. Als alternative Technologien kommen hier der Stirlingmotor, die Vergasung mit nachgeschaltetem Kolbenmotor, der Dampfmotor und der Organic Rankine Cycle in Frage.

Neben den üblichen Nachteilen des Stirlingmotors wie einer kleinen Leistungsdichte und hohen spezifischen Kosten kommt bei der Biomassenutzung noch das Problem ver-schmutzender Wärmeübertragerflächen hinzu, so dass der Stirlingmotor momentan nicht als ausgereifte Technik im Biomassebereich angesehen werden kann. Die Vergasung von Holz und die anschließende motorische Nutzung dieses Holzgases ist eine seit langem bekannte Technik. Die relativ hohen motorischen Nutzungsgrade sind der Ansporn für Entwicklungen auf diesem Gebiet. Problematisch ist die notwendige Gasreinigung, eine Herausforderung, die insbesondere für kleine Anlagen immer noch nicht zufriedenstellend gelöst ist. Die Vergasung stellt auch hohe Qualitätsansprüche an die eingesetzte Biomasse, was die Brennstoffauswahl einschränkt. Daneben sinkt durch die mit der Vergasung zusammenhängenden Prozessschritte der Nettowirkungsgrad erheblich. Ebenfalls eine altbekannte Technologie ist der Dampfmotor. Hier kommt als zusätzlicher Aufwand die Trennung von Arbeits- und Schmiermittel hinzu. Desweiteren kann es hier durch die Bildung von flüssigem Wasser zum Wasserschlag mit Zerstörung der Maschine kommen [*Huppmann et al.* 1985]. Der Organic Rankine Cycle bietet die Vorteile eines robusten Verfahrens gekoppelt mit einem vergleichsweise hohen Wirkungsgrad.

Bei der geothermischen Stromerzeugung liegt ein besonderes Augenmerk auf der Art des zur Stromerzeugung verwendeten Kreisprozesses. Während heißes Thermalwasser ab etwa 200 °C direkt in Turbinen entspannt wird, kommen unterhalb dieser Grenze Sekundärkreisläufe zum Einsatz. Neben besseren Wirkungsgraden vermeiden diese auch Anlagenschäden durch das meist chemisch aggressive Thermalwasser. Es stehen hierfür der Organic Rankine Cycle und der Kalina Cycle [*Kalina* 2004] zur Verfügung. Für den ORC liegt mehr Betriebserfahrung vor, während dem Kalina Cycle eine höhere Effizienz zugesprochen wird. Da die Wahl der Stromerzeugungsanlage entscheidend die Wirtschaftlichkeit geothermischer Projekte beeinflusst, ist eine Klärung der Frage, welcher Anlagentyp energetisch vorteilhaft ist, von immenser Bedeutung. Bisherige Arbeiten haben dabei das Kalina Cycle System 34 (KCS 34) detailliert mit einem Standard-ORC verglichen und geben je nach Anwendungsgebiet dem einen oder anderen Prozess den Vorzug [*Köhler* 2005]. *DiPippo* [2004] hat einen Vergleich zwischen bestehenden ORC-Anlagen mit einer Kalina-Anlage in Husavik (Island) durchgeführt und einen leicht höheren Wirkungsgrad für den Kalina gefunden. Diese Wirkungsgradvorteile liegen jedoch weit unter den in Aussicht gestellten. Dies zeigt zum einen, dass die Frage noch nicht eindeutig beantwortet ist, welche Technologie zu bevorzugen ist. Zum anderen stellt sich die Frage, wie der Kalina Cycle im Vergleich mit innovativen Ansätzen des ORC abschneidet. Generell kann man sagen, dass die Wirkungsgrade beider Prozesse auf Grund der niedrigen Thermalwassertemperatur relativ niedrig liegen, so dass eine weitere Optimierung von großem Interesse ist.

Zusammenfassend gesagt ist der Organic Rankine Cycle für die Nutzung der Geothermie und der festen Biomasse eine besonders aussichtsreiche Technologie.

Ein wirtschaftlicher Einsatz des ORC wird auf Grund der hohen Investitionen durch hohe Energiepreise begünstigt. Dies mag ein Grund sein, weshalb in der Zeit niedriger Ölpreise (1985 – 1998) dieser Technologie wenig Beachtung geschenkt wurde. Das Interesse wuchs auch in Deutschland mit steigenden Energiepreisen, was durch den Bau einer ORC-Anlage zur Abwärmenutzung 1999 im Zementwerk Lengfurt [*LfU* 2001] unterstrichen wird. Die Stromerzeugung mittels ORC aus Geothermie und fester Biomasse ist insbesondere durch das EEG [*BGBl* 2004] wirtschaftlich.

ORC-Anlagen werden zur Zeit nur von wenigen Firmen gebaut. Die momentan führenden Hersteller auf dem Weltmarkt für ORC-Anlagen sind die israelisch / US-amerikanische Firma Ormat Technologies, Inc. (Reno, Nevada, USA) und die italienische Turboden Srl (Brescia, Italien). Ormat verwendet in seinen Anlagen n-Pentan und Isopentan, Turboden verschiedene

Silikonöle. Seit einigen Jahren sind die deutschen Unternehmen GMK mbH (Bargeshagen) und AdoraTec GmbH (Mannheim) auf dem Markt.

1.1 Stand des Wissens

1.1.1 Organic Rankine Cycle als Kraftprozess

Das Rückgrat der Stromerzeugung ist der klassische Rankine-Prozess (Abb. 1). Als Arbeitsmittel wird hier Wasser verwendet. Dieses wird durch eine Speisepumpe auf den benötigten Prozessdruck gebracht. Anschließend wird es durch Verbrennungsenergie erwärmt, verdampft und überhitzt. Der so bereitgestellte Dampf entspannt sich in einer Turbine, wobei Arbeit gewonnen wird und der Dampf sich abkühlt. Dieser wird kondensiert und wieder der Speisepumpe zugeführt.

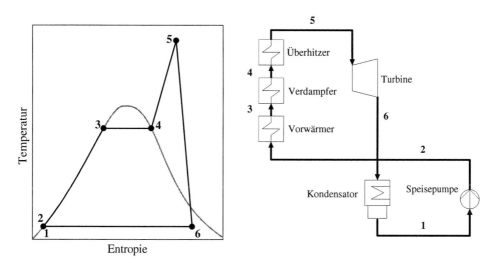

Abb. 1: *T,s* -Diagramm und Anlagenschema des Rankine-Prozesses mit Wasser.

Im Gegensatz zu Wasser endet die Entspannung in der Turbine bei organischen Stoffen meist nicht im Nassdampfgebiet sondern in der Gasphase (Abb. 2). Dabei liegt die Temperatur am Ausgang der Turbine über der Kondensatortemperatur. Zur Erhöhung der Effizienz wird deshalb oft ein interner Rekuperator eingesetzt. Auch findet beim ORC meist keine Überhitzung statt. In der Turbine kühlt sich der Dampf weitaus weniger ab. Dadurch und bedingt durch das im Vergleich zu Wasser höhere Molekulargewicht organischer Fluide wird ein deutlich kleineres spezifisches Gefälle abgebaut.

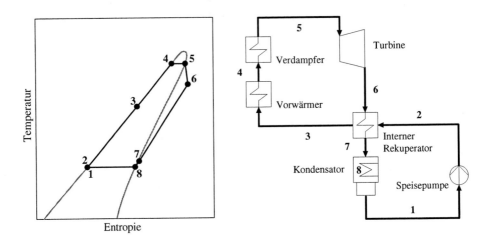

Abb. 2: T,s –Diagramm und Anlagenschema des ORC. Der Überhitzer entfällt in den meisten Fällen.

Im Wesentlichen gibt es drei Gründe von der bewährten und erprobten Wasserdampf-Technologie abzuweichen und statt Wasser ein anderes Fluid zu verwenden.

Bei einer niedrigen maximalen Prozesstemperatur, wie sie bei der Geothermienutzung auftritt, würde die Expansion mit Wasser zu einem extremen Nassdampfgehalt führen und es ergäbe sich ein schlechter Wirkungsgrad. Hier haben organische Fluide auf Grund ihres Dampf-druckes und einer positiven Steigung der Taulinie im betrachteten Abschnitt Vorteile (vgl. Abb. 1 und Abb. 2).

Im kleinen Leistungsbereich unterhalb von 1000 kW verschlechtert sich der Maschinen-wirkungsgrad von Turbinen insbesondere im Teillastbetrieb erheblich [*Ray* und *Moss* 1966]. Desweiteren kommt hier ein nichttechnischer Punkt zum Tragen. Anlagen mit Wasser müssen mit einem hohen Prozessdruck betrieben werden, was hohe Sicherheitsauflagen zur Folge hat und so die Anlage verteuert. Organische Fluide können hingegen auch bei niedrigen Drücken effizient eingesetzt werden.

Der dritte Grund für den ORC spielt in Deutschland keine wesentliche Rolle, ist aber im inter-nationalen Bereich durchaus relevant. Durch die Auswahl eines geeigneten Fluids mit nied-rigem Schmelzpunkt ist ein unproblematischer Betrieb dezentraler Einheiten in kälteren Klimaten möglich. So kommt der ORC u.a. in Russland zum Betrieb der Sicherheitssysteme von Gaspipelines [*Ormat*] zum Einsatz.

Eine Frage von entscheidender Bedeutung für den ORC ist die Wahl des Fluids. Da der ORC bisher als Nischentechnologie anzusehen ist, sind meist gut bekannte Fluide aus dem Bereich der Kältemittel oder der Massenchemikalien vorgeschlagen worden. Für diese Stoffe liegen aufwändig zu bestimmende Stoffwerte vor, die für die Auslegung des Kreisprozesses notwendig sind. Zur Diskussion wurden überwiegend Vertreter der Alkane, Aromaten, chlorierten oder fluorierten Kohlenwasserstoffe und der Siloxane gestellt.

Der ORC ist schon oft Gegenstand wissenschaftlicher Untersuchungen gewesen. *Devotta* und *Holland* [1985] haben 24 Fluide hinsichtlich ihres thermischen Wirkungsgrades unter idealen Bedingungen verglichen. *Huppmann et al.* [1985] haben umfassend den ORC zur Abwärmenutzung in der Industrie untersucht. Hier standen die Fluide R114 (1,2-Dichlortetrafluorethan), Fluorinol 85 (85 % Trifluorethanol / 15 % Wasser) und Toluol im Mittelpunkt. Ein Zentrum der ORC-Forschung ist Italien [*Angelino et al.* 1984]. *Angelino* und *Invernizzi* [1993] haben einen ORC u.a. mit zyklischen Siloxanen für den Einsatz im Weltraum vorgeschlagen. *Invernizzi* und *Bombarda* [1997] haben acht teil- und vollhalogenierte Kohlenwasserstoffe sowie Butan und Pentan für eine geothermische Nutzung unter Berücksichtigung einer sich abkühlenden Wärmequelle untersucht. *Angelino* und *Colonna di Paliano* [1998] haben zeotrope Fluidgemische für ihren Einsatz im ORC im Bereich Geothermie und Abwärme analysiert. Sie sehen Vorteile in Kombination mit einer Luftkühlung, weisen jedoch auf den größeren Aufwand der Wärmetauscherauslegung hin. Dieselben haben einen ORC in Verbindung mit einer Schmelzkarbonat-Brennstoffzelle für sieben reine Fluide und ein Fluidgemisch theoretisch untersucht [2000]. Hierbei sind Turbinen- und Pumpenwirkungsgrade berücksichtigt worden. *Maizza* und *Maizza* [2000] haben für zwei Dutzend reine Kältemittel und Kältemittelgemische Wirkungsgrade berechnet und hierbei zusätzlich den Wirkungsgrad der Wärmeübertragung in ihre Berechnungen aufgenommen. Der Einfluss der Wärmequelle ist nicht explizit berücksichtigt worden. Diesen haben *Liu et al.* [2004] für zehn Fluide für den Bereich Abwärmenutzung untersucht und gezeigt, dass der thermische Wirkungsgrad des Kreisprozesses für sich alleine nicht ausreichend für eine Fluidauswahl ist. In ihren Berechnungen vernachlässigen sie jedoch die interne Wärmerückgewinnung und den Turbinen- und Pumpenwirkungsgrad. *Chen et al.* [2005] haben einen überkritischen Kraftprozess mit Kohlendioxid für den Einsatz in Kraftfahrzeugen simuliert und mit einem ORC mit R123 (1,1,1-Trifluor-2,2-Dichlorethan) verglichen [2006]. Sie haben leichte Vorteile für den überkritischen Kreisprozess mit Kohlendioxid gefunden und bekräftigt, dass der thermische Wirkungsgrad nur bedingt zur Fluidauswahl geeignet ist. *Schuster et al.* [2006] haben für 4 Fluide einen solarthermisch oder durch Abwärme angetriebenen ORC simuliert.

Die Auswertung der wissenschaftlichen Literatur zum Thema ORC führt zu dem Ergebnis, dass in früheren Publikation oftmals heute verbotene Fluide untersucht worden sind. Die Arbeiten konzentrieren sich überwiegend auf die Nutzung von Niedertemperaturabwärme. Die Resultate unterschiedlicher Studien sind nur eingeschränkt miteinander vergleichbar, da unterschiedliche Randbedingungen gewählt worden sind. Teilweise ist der ORC mit idealen Randbedingungen untersucht worden, was die Frage aufwirft, ob so für die Praxis optimale Fluide gefunden worden sind. In keiner Arbeit wird z. B. der Druckverlust der internen Wärmerückgewinnung berücksichtigt.

1.1.2 Biomasseheizkraftwerk

Generell weisen Stromerzeugungstechnologien im unteren Leistungsbereich einen relativ niedrigen Wirkungsgrad auf. Eine ausschließliche Stromerzeugung ist daher meist nicht wirtschaftlich. Sinnvoll lässt sich die Stromerzeugung aber als Koppelprodukt einer Wärmeerzeugung realisieren, da hier die anfallende Abwärme als Heizwärme genutzt wird. Voraussetzung für eine Kraft-Wärme-Kopplung (KWK) ist das Vorhandensein von Wärmeabnehmern in der Nähe solcher Anlagen. Dabei sollte der Wärmebedarf der Abnehmer über das Jahr hinweg so konstant wie möglich sein, da die Stromerzeugung direkt von der benötigten Wärme abhängt.

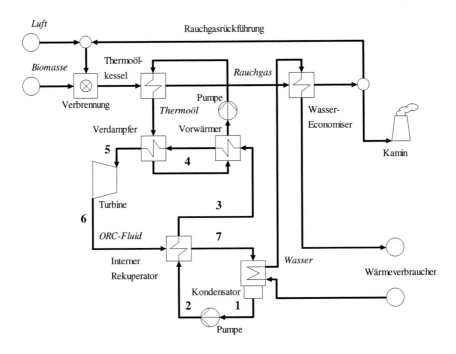

Abb. 3: Standardkonzept eines Biomasseheizkraftwerkes mit Wasser-Economiser.

In bisher realisierten Biomasseheizkraftwerken (Abb. 3) wird der ORC über einen Thermoölkreislauf in das Rauchgas eingekoppelt [*Duvia* und *Gaia* 2002]. Zum einen wird dadurch eine thermische Überbeanspruchung des ORC-Fluids vermieden und zum anderen kann der Wärmetauscher im Rauchgasstrang drucklos betrieben werden. Die Wärmekopplung erfolgt im Kondensator des ORC, in dem das ORC-Fluid Wärme bei der Kondensation an das Heizwasser abgibt. Da das Rauchgas vom Thermoöl nur auf ca. 250 °C abgekühlt wird, erfolgt eine weitergehende Nutzung der Restenergie im Rauchgas durch eine zusätzliche Wärmeübertragung auf das Heizwasser. In neueren Anlagen wird diese Niedertemperaturwärme durch eine Massenstromaufspaltung – auch Bypass- oder Splitsystem genannt – für den ORC nutzbar gemacht. Das typische Fluid für Biomasseanlagen ist Oktamethyltrisiloxan (OMTS).

Anlagen sind überwiegend in Österreich und Deutschland errichtet worden. Die ersten Standorte in Deutschland sind Friedland (GMK, 2001) Heberndorf (GET, 2002) und Sauerlach (Tu, 2004) sowie in Österreich Admont (Tu, 1999) und Altheim (Tu, 2001).

1.1.3   Geothermisches Heizkraftwerk

Geothermische Heizkraftwerke (Abb. 4) zeichnen sich dadurch aus, dass die Wärmequelle einen festen Massenstrom und relativ niedrige Temperaturen aufweist. Die abgegebene Leistung ist hier im Vergleich zu Biomasseanlagen nicht von der Wärmeabgabe sondern von der Wärmezufuhr abhängig. Im Fall einer Wärmenutzung konkurriert diese je nach Thermalwassertemperatur mehr oder weniger stark mit der Stromerzeugung um den Wärmestrom des Thermalwassers. Die Kondensationswärme des ORC auf einem für Heizzwecke ausreichend hohen Temperaturniveau bereitzustellen ist nicht sinnvoll. Kraft- und Heizwerk können in Reihen- oder Parallelschaltung kombiniert werden. Weitere Mischformen sind möglich [*Köhler* 2005]. Der Betrieb erfolgt meist wärmegeführt in Abhängigkeit von den Jahreszeiten.

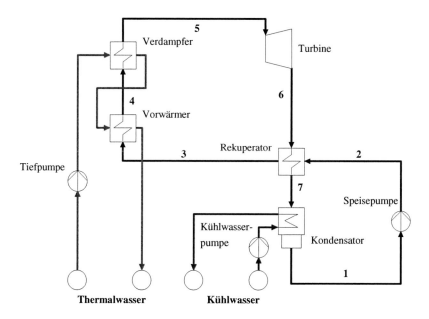

Abb. 4:   Anlagenschema des einstufigen Standard-ORC.

In dieser Arbeit wird nur die reine Stromerzeugung betrachtet, um die Aussagekraft zu erhalten und den Fokus nicht zu verwässern, da der Wärmebedarf und seine Charakteristik stark vom jeweiligen Verbraucher abhängen.

Typische Fluide für geothermische Anwendungen sind Pentan, Butan und verschiedene Kältemittel wie 1,1,1,2-Tetrafluorethan (R 134a).

Die Geothermie wird überwiegend in geologisch aktiven Gebieten genutzt (Abb. 5). Der ORC wird hierbei teilweise mit einem Dampfprozess gekoppelt, der das Thermalwasser direkt nutzt.

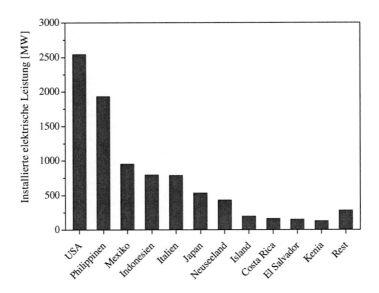

Abb. 5: Installierte Leistung geothermischer Stromerzeugung weltweit inklusive direkter Thermalwassernutzung.

Für die hydrogeothermische Nutzung muss die Temperatur möglichst hoch und das Gestein porös sein, um einen Wasserfluss im Untergrund zu ermöglichen. In Deutschland ist dies der Fall im Oberrheingraben, in Norddeutschland und im Molassebecken im südlichen Bayern sowie teilweise in Baden-Württemberg. Neben den hydrogeothermischen Vorkommen gibt es noch die Möglichkeit des Hot-Dry-Rock-Verfahrens, bei dem in schlecht leitendem Gestein Klüfte erzeugt werden.

In der im Jahr 2003 in Betrieb genommenen, ersten deutschen geothermischen ORC-Anlage in Neustadt-Glewe wird Perfluorpentan eingesetzt. Weitere Anlagen werden zur Zeit geplant und errichtet. In Unterhaching entsteht das erste geothermische Kalina-Heizkraftwerk in Deutschland.

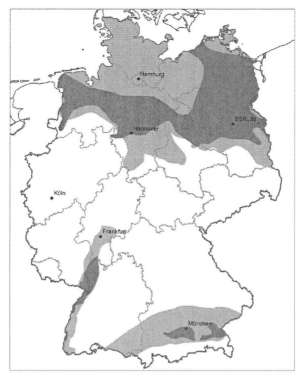

Abb. 6: Für hydrogeothermische Nutzung geeignete Gebiete in Deutschland [*Agemar et al.* 2006].

1.2 Motivation, Zielsetzung und Aufbau

Mit der Förderung der dezentralen Stromerzeugung aus Biomasse entstand ein neues Einsatzgebiet für den ORC. Hier verläuft der ORC im Vergleich zur Geothermie zwischen deutlich anderen Temperaturniveaus. Dies führt neben höheren Ansprüchen an die Stabilität der Fluide auch aus thermodynamischen Gründen zum Einsatz anderer Fluide als im Niedertemperaturbereich.

Dass im Bereich Geothermie Forschungs- und Entwicklungsbedarf gegeben ist, zeigt ein Zitat des Büros für Technikfolgenabschätzung beim Deutschen Bundestag [*Paschen et al.* 2003]: „Obwohl die ORC-Technik ausgereift ist und international verbreitet eingesetzt wird, gibt es noch ein erhebliches anlagentechnisches Optimierungspotenzial. Insbesondere die Möglichkeit, durch die Wahl eines geeigneten Arbeitsmittels die Anlage optimal auf die vorhandene Thermalwassertemperatur einzustellen und auf diese Weise höhere Wirkungsgrade zu erzielen, ist hier von großer Bedeutung." Desweiteren bezeichnet *Köhler* [2005] den überkritischen und den zweistufigen ORC als mögliche, noch nicht eingehend untersuchte Verbesserungsstrategien im geothermischen Bereich. Auch stellt *Köhler* [2003] fest, dass es kein Werkzeug gibt, das die Berechnung thermodynamischer Stoffdaten mit der Kreislaufsimulation in ausreichendem Maße verknüpft.

Generell führt die Herkunft vieler ORC-Fluide aus dem Kältemittelbereich zu den für diese Substanzen typischen Problemen. Im Laufe der Zeit ist die ozonschichtschädigende Wirkung bekannt geworden und die toxikologische Bewertung einiger Fluide hat sich verschärft. So ist z.B. Fluorinol ein Favorit für die ORC-Nutzung gewesen [*Huppmann et al.* 1985], ein Fluid, das heute aus toxikologischen Gründen nicht mehr eingesetzt werden kann.

Auch ist es heutzutage durch die Erstellung umfangreicher thermodynamischer Datenbanken möglich, die Eignung einer Vielzahl von Fluiden für den ORC mit vertretbarem Aufwand zu bewerten.

Analog zum Dampfkraftwerk, das durch Zwischenüberhitzung, Speisewasservorwärmung und andere konzeptionelle Verbesserungen optimiert werden kann [siehe z.B. *Lucas* 2004], bieten sich für den ORC ähnliche Möglichkeiten. Neben der Fluidauswahl ist es deshalb auch von Interesse, die Auswirkungen veränderter Anlagenkonzepte auf die energetische Effizienz des ORC zu untersuchen.

Allgemein kann festgehalten werden, dass der elektrische Wirkungsgrad des ORC sowohl für Biomasse als auch Geothermie relativ niedrig ist, was vermuten lässt, dass ein signifikantes Optimierungspotenzial vorhanden ist.

Diese Gründe und die heute gegebene Machbarkeit führen zur Zielsetzung der vorliegenden Arbeit, eine systematische Bewertung für eine Vielzahl an Stoffen für den Einsatz als ORC-Fluid in Kombination mit unterschiedlichen Anlagenkonzepten für biomassegefeuerte und geothermische Wärmequellen durchzuführen.

Die zur Erreichung dieses Ziels notwendigen Schritte sowie die erzielten Resultate werden in dieser Arbeit in den folgenden vier Kapiteln dargestellt.

Im Anschluss an die Einleitung werden im Kapitel 2 die Bewertungskriterien, die Methodik zur Ermittlung der thermodynamischen Größen und die spezifischen Eigenschaften von Bioheizkraftwerken und geothermischen Kraftwerken mit ORC beschrieben. Desweiteren wird der Kalina Cycle dargestellt.

Im nachfolgenden Kapitel werden mögliche, teils neue Optimierungsstrategien sowohl für den Bereich Biomasse als auch Geothermie vorgestellt.

Die erzielten Ergebnisse werden im Kapitel 4 dargestellt und diskutiert. Es erfolgt ein Vergleich mit den bisherigen Standardvarianten. Nichtthermodynamische Kriterien werden qualitativ eingeschätzt und die Wirtschaftlichkeit beurteilt.

Im Kapitel 5 wird die Arbeit zusammengefasst und ein Ausblick auf zukünftig anstehende Herausforderungen gegeben.

2 Methodik

Zur Beantwortung der Kernfrage, welches Fluid optimal für den ORC im jeweiligen Anwendungsbereich ist, sind folgende Kriterien zu beachten:

- Thermodynamische Eigenschaften,
- Toxizität und Umweltschutzaspekte,
- Zündfähigkeit und Explosivität,
- Materialverträglichkeit und chemische Stabilität,
- Verfügbarkeit und Kosten.

Die Fluide werden zunächst nach ihren thermodynamischen Eigenschaften quantitativ bewertet. Daran schließt sich eine qualitative Bewertung hinsichtlich der restlichen Kriterien an.

Um das energetische Optimierungspotenzial umfassend bewerten zu können, wird eine Methode zur Berechnung von thermodynamischen Zustandsgrößen einer Vielzahl an Substanzen erstellt, die auf eine Stoffdatenbank zurückgreift. Mit dieser Methode kann der thermische Wirkungsgrad des ORC berechnet werden. Dieser berücksichtigt den Einfluss der Wärmequellen und -senken noch nicht. Im Biomassebereich erfolgt zunächst ein Screening mit dem thermischen Wirkungsgrad als Zielgröße für alle in der Datenbank vorhandenen Fluide, die prinzipiell thermodynamisch geeignet sind. Anschließend wird mit ausgewählten Substanzen eine Energiesystemanalyse für die Einbindung des ORC in Biomasseanlagen durchgeführt und die Wechselwirkung zwischen Fluid und Anlagenkonzept untersucht. Für die Geothermie wird direkt der elektrische Wirkungsgrad berechnet, da sich hier die Systemzusammenhänge überschaubarer darstellen, was sich in akzeptablen Rechenzeiten niederschlägt.

Die Energiesystemanalyse erfolgt mit der Pinch-Point-Methode. Der Pinch Point ist der Punkt minimaler Temperaturdifferenz zwischen einem wärmeaufnehmenden und wärmeabgebenden Massenstrom. Während üblicherweise mit der Pinch-Point-Methode der minimale Wärme- und Kältebedarf bei vorgegebenen Wärmeströmen ermittelt wird, ist in diesem Fall die Bestimmung des optimalen Wärme- bzw. Massenstroms das Ziel.

In dieser Arbeit wird eine Biomasseanlage mit einer typischen Wärmeleistung von 5 MW im KWK-Betrieb mit dem Brennstoff Holzhackschnitzel detailliert untersucht.

Die Analyse für den Bereich Geothermie wird am Beispiel typischer Verhältnisse im süddeutschen Molassebecken veranschaulicht. Dazu werden verschiedene Varianten des ORC und des KCS 34 simuliert. Desweiteren wird auch das Kalina Cycle System Geotherm 2 (SG 2) berücksichtigt, das in Europa von der Firma e.terras AG vertrieben wird. Es wird keine vollständige Systembetrachtung durchgeführt, da dies nicht im Fokus dieser Arbeit liegt. So wird z.B. der Energiebedarf für die Thermalwasserpumpe und die Kühlung nicht betrachtet.

Innovative Anlagenkonzepte sind mit höheren Investitionen verbunden. Deshalb wird die Wirtschaftlichkeit für optimierte Varianten so weit wie möglich ermittelt.

Die Ergebnisse werden in $T, \dot{H}$ -Diagrammen dargestellt, die ein gutes Werkzeug sind, um die Systemzusammenhänge zu veranschaulichen. Wärmeverluste werden in diesen nicht dargestellt, um die Übersichtlichkeit zu wahren. $T, \dot{H}$ -Diagrammen ähneln $\dot{Q}, T$ –Diagrammen, erlauben aber auch die Darstellung der Turbinenleistung. Desweiteren ist die Reihenfolge der Achsenparameter so konsistent mit analogen Diagrammbezeichnung wie z.B. dem T, s - Diagramm.

2.1 Thermodynamische Bewertungskriterien

Als Parameter für die energetische Bewertung der unterschiedlichen Kreisprozesse kann bei festgelegten Bedingungen die Leistungsabgabe verwendet werden, aus der letztlich die gewonnene Energie und somit die Einnahmen resultieren. Dabei wird zwischen Bruttoleistung und Nettoleistung unterschieden. Die Bruttoleistung P_{brutto} ist die von der Turbine abgegebene mechanische Leistung.

$$P_{\text{brutto}} = w_{\text{Turbine}} \; \dot{m}_{\text{KP}} \tag{1}$$

Die Nettoleistung ist definiert als

$$P_{\text{netto}} = P_{\text{brutto}} - P_{\text{Speisepumpe}} \tag{2}$$

Der Generator und ein eventuell benötigtes Getriebe werden als verlustfrei angenommen. Während die Leistungsabgabe im Einzelfall anschaulicher ist, hat die Verwendung von Wirkungsgraden den Vorteil der Vergleichbarkeit unterschiedlich großer Anlagen. Dabei ist die Stromausbeute bzw. der elektrische Wirkungsgrad definiert als die Nettoleistung bezogen auf den Heizwert der Biomasse bzw. den Wärmestrom des Thermalwassers. Der Heizwert H_i ist definiert als Reaktionsenthalpie der Biomasse bezogen auf ihre Masse und entspricht der im Rauchgas enthaltenen spezifischen Enthalpiedifferenz zwischen der adiabaten Flammentemperatur (AFT) und einer Referenztemperatur von hier 15 °C:

$$H_i = h_{\text{AFT}} - h_{\text{ref}} \tag{3}$$

Kondensationseffekte des im Rauchgas enthaltenen Wasserdampfes werden hierbei nicht berücksichtigt. Der Heizwert hängt stark vom Wassergehalt der Biomasse ab.

Das Thermalwasser kann theoretisch maximal bis zur Kühlwassereintrittstemperatur abgesenkt werden. Das heißt, dass analog zum Heizwert der Biomasse der maximal nutzbare Wärmeinhalt des Thermalwassers die spezifische Enthalpiedifferenz des Thermalwassers zwischen der maximalen Thermalwassertemperatur und der Kühlwassereintrittstemperatur ist. Unter der Annahme einer konstanten Wärmekapazität ist dieser definiert als

$$H_{\text{TW}} = c_{\text{F}} \left(T_{\text{TW,max}} - T_{\text{KW,min}} \right) \tag{4}$$

Der elektrische Wirkungsgrad η_{el} ist eine wichtige Kenngröße und gibt das Verhältnis von erzeugtem Strom zur aufgewendeten Energie wieder. Wird Strom wie im Fall der Biomasse-nutzung gekoppelt erzeugt, wird der elektrische Wirkungsgrad auch als Stromausbeute β bezeichnet [*VDI* 2005]:

$$\eta_{el} = \beta = \frac{P_{netto}}{H_i \, \dot{m}_{BS}} \tag{5}$$

Im Bereich Geothermie wird nur die Stromerzeugung betrachtet. Somit findet hier nur der Begriff elektrischer Wirkungsgrad Verwendung:

$$\eta_{el} = \frac{P_{netto}}{H_{TW} \, \dot{m}_{TW}} \tag{6}$$

Der elektrische Wirkungsgrad ist das Produkt aus dem thermischen Wirkungsgrad des Kreis-prozesses

$$\eta_{KP} = \frac{w_{Turbine} - w_{Speisepumpe}}{h_{zugeführt}} \tag{7}$$

und dem Kesselwirkungs- bzw. Wärmeausnutzungsgrad des Thermalwassers, die beschrei-ben, welcher Anteil der verfügbaren Wärme für den Kreisprozess genutzt wird:

$$\Phi = \frac{h_{zugeführt}}{H_i} \qquad \text{bzw.} \qquad \Phi = \frac{h_{zugeführt}}{H_{TW}} \tag{8}$$

Da für den typischen Temperaturbereich der Geothermie mit einer konstanten Wärmekapa-zität gerechnet werden kann, lässt sich hier der Wärmeausnutzungsgrad anschaulich durch die Austrittstemperatur des Thermalwassers charakterisieren:

$$\Phi = \frac{h_{zugeführt} \, \dot{m}_{KP}}{c_F \, \dot{m}_{TW}(T_{TW,max} - T_{KW,min})} = \frac{c_F \, \dot{m}_{TW}(T_{TW,max} - T_{TW,aus})}{c_F \, \dot{m}_{TW}(T_{TW,max} - T_{KW,min})} = \frac{T_{TW,max} - T_{TW,aus}}{T_{TW,max} - T_{KW,min}} \tag{9}$$

Sowohl der Wirkungsgrad des Kreisprozesses als auch der Wärmeausnutzungsgrad (bzw. die Austrittstemperatur) erlauben für sich alleine keine Aussage über die energetische Effizienz des Gesamtprozesses.

Für gekoppelt erzeugte Wärme ist die Wärmeausbeute α definiert als

$$\alpha = \frac{\dot{Q}}{H_i \, \dot{m}_{BS}} \tag{10}$$

Diese wird auch oft als thermischer Wirkungsgrad bezeichnet. Um Verwechslungen mit dem davon völlig verschiedenen thermischen Wirkungsgrad des Kreisprozesses (Gleichung 7) zu vermeiden, wird in dieser Arbeit ausschließlich der Begriff Wärmeausbeute verwendet.

Der Brennstoffausnutzungsgrad

$$\omega = \frac{P_{netto} + \dot{Q}}{H_i \, \dot{m}_{BS}}$$

beschreibt die insgesamt in einem Koppelprozess nutzbare Energie.

Wärmeenergie lässt sich nach dem 2. Hauptsatz der Thermodynamik nicht vollständig in hochwertige mechanische oder elektrische Arbeit umwandeln. Der Wirkungsgrad eines Kreisprozesses ist umso höher, je höher die Temperatur der Wärmeaufnahme und je niedriger die Temperatur der Wärmeabgabe ist. Um die Qualität eines Kreisprozesses und mögliche Wirkungsgradsteigerungen einschätzen zu können, vergleicht man Kreisprozesse mit idealen Re-

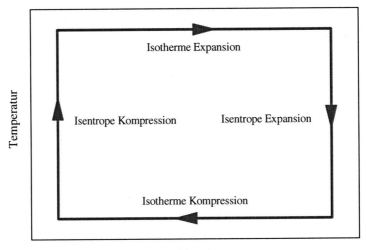

ferenzprozessen. Dafür wird oft der Carnot-Prozess (Abb. 7) herangezogen.

Abb. 7: T,s -Diagramm des Carnot-Prozesses.

Der maximale Wirkungsgrad eines Kreisprozesses zwischen einer Wärmequelle und –senke mit konstanten Temperaturen ist demnach:

$$\eta_{Carnot} = 1 - \frac{T_{min}}{T_{max}} \tag{11}$$

Die Annahme einer Wärmequelle oder -senke mit konstanter Temperatur gilt für die Verdampfung bzw. Kondensation von Reinstoffen. Desweiteren kann für theoretische Betrachtungen eine Wärmequelle oder –senke als isotherm betrachtet werden, wenn ihr Massenstrom sehr hoch ist und hierbei die Pumpenenergie unberücksichtigt bleibt.

Da Wärmequellen sich meist abkühlen, wenn sie Wärme abgeben, ist der Carnot-Prozess als Referenz für reale Kreisprozesse nur bedingt geeignet. In diesem Fall wird die thermodynamische Mitteltemperatur der Wärmeaufnahme verwendet. Diese ist definiert als

$$T_m = \frac{h_{zugeführt}}{s_{zugeführt}} \tag{12}$$

Mit ihrer Hilfe lässt sich der maximale Wirkungsgrad von Kreisprozesse mit einer Wärmeaufnahme bei gleitender Temperatur berechnen:

$$\eta_{max} = 1 - \frac{T_{min}}{T_m} \tag{13}$$

Die thermodynamische Temperatur der Wärmeaufnahme stellt anschaulich die Güte eines Kreisprozesses dar. In komplexen Fällen mit einer gleitenden Temperatur der Wärmeabgabe und einer internen Wärmerückgewinnung ist das Konzept jedoch nur eingeschränkt verwendbar.

Ein Prozess, der die Abkühlung der Wärmequelle auf einfache Weise berücksichtigt, ist der in Abb. 8 dargestellte Dreiecksprozess.

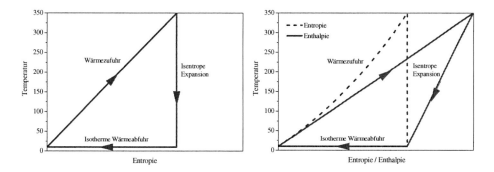

Abb. 8: T,s-Diagramm des „entropischen" Dreiecksprozesses und $T,h/s$-Diagramm des „enthalpischen" Dreiecksprozesses.

Der Wirkungsgrad des „entropischen" Dreiecksprozesses lässt sich leicht berechnen, da die umschlossene Fläche des Kreisprozesses der Arbeit und die gemittelten Temperaturen der thermodynamischen Mitteltemperatur der Wärmezufuhr entsprechen. Somit ist, wie auch *DiPippo* angibt [2005]

$$\eta_{SDP} = \frac{T_{max} - T_{min}}{T_{max} + T_{min}} \tag{14}$$

Dieser Prozess ist jedoch nur eine Annäherung an eine sich linear abkühlende Wärmequelle, da mit steigenden Temperaturen des Arbeitsfluids die Entropie im Verhältnis zur Enthalpie unterproportional zunimmt. Dies wird im „enthalpischen" Dreieckprozess berücksichtigt, der im Weiteren zur Anwendung kommt und der Einfachheit halber nur als Dreiecksprozess bezeichnet wird. Der maximale Wirkungsgrad dieses Prozesses ist durch die maximale Temperatur der Wärmequelle und die Temperatur der Wärmesenke festgelegt (siehe z.B. *Köhler* [2005]).

$$\eta_{DP} = 1 - \frac{\ln \dfrac{T_{max}}{T_{min}}}{\dfrac{T_{max}}{T_{min}} - 1} \tag{15}$$

Erwartungsgemäß wächst sowohl für den Carnot- als auch den Dreiecksprozess der Wirkungsgrad mit steigender Maximaltemperatur und sinkender Minimaltemperatur an. Der Dreiecksprozess hat naturgemäß einen schlechteren Wirkungsgrad als der Carnotprozess und erreicht bei 100 °C nur ca. 55 % der Effizienz des Carnotprozesses. Bis 200 °C wächst dieser Wert auf 67 % (Abb. 9).

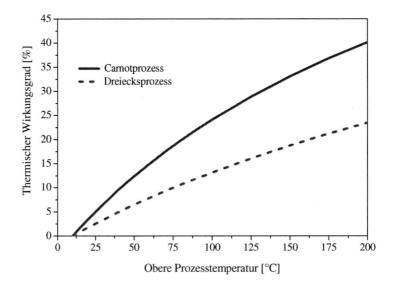

Abb. 9: Wirkungsgrad des Carnot- und des Dreiecksprozesses mit $T_{min} = 10$ °C.

Im Geothermiebereich ist als Referenzprozess der Dreiecksprozess mit einer sich abkühlenden Wärmequelle und einer Wärmesenke mit konstanter Temperatur gut geeignet. Das Verhalten der Wärmequelle stimmt mit dem des Thermalwassers überein. Das sich erwärmende Kühlwasser entspricht in der Realität nur näherungsweise einer unendlich großen Wärmesenke mit konstanter Temperatur. Der Temperaturanstieg kann durch einen hohen Massenstrom in engen Grenzen gehalten werden.

Für Biomasseanlagen ist es schwieriger, einen idealen Vergleichsprozess zu definieren. Dazu ist zunächst einmal die Festlegung auf eine obere und untere Prozesstemperatur notwendig. Für die obere Prozesstemperatur gibt es mehrere Möglichkeiten. Bei der Verbrennung ergibt sich je nach Heizwert und Feuchte des eingesetzten Brennstoffs eine unterschiedliche adiabate Flammentemperatur (1450 °C bis 1100 °C). Diese Temperatur wird meist durch eine Rauchgasrückführung abgesenkt (950 °C bis 850 °C). Desweiteren beginnen Thermoöle sich ab einer gewissen Temperatur (350 °C bis 300 °C) zu zersetzen. Durch die Festlegung auf den KWK-Betrieb wird als untere Temperaturgrenze die maximale Temperatur des Heizwassers (90 °C bis 70 °C) verwendet.

Als idealer Vergleichsprozess wird ein kombinierter Carnot- und Dreiecksprozess verwendet (Abb. 10). Für einen Vergleich unterschiedlicher Technologien, wie zum Beispiel des ORC mit einem Rankine-Prozess mit Wasserdampf, wäre es sinnvoll, als obere Temperaturgrenze eine Rauchgastemperatur zu verwenden. Da in dieser Arbeit jedoch ausschließlich ein mit Thermoöl an die Feuerung gekoppelter ORC untersucht wird, stellt die maximal mögliche Thermoöltemperatur eine legitime obere Grenze dar. Folglich wird als maximale Prozesstemperatur 350 °C und als untere Temperatur 80 °C festgesetzt. Der Enthalpieanteil im Rauchgas über der oberen Temperatur wird mit dem Carnotwirkungsgrad bewertet, der unterhalb mit dem niedrigeren Wirkungsgrad des Dreiecksprozesses. Die Verwendung des Carnotwirkungsgrades für die hohen Temperaturen liegt darin begründet, dass der Massenstrom des Thermoöls in weiten Grenzen eingestellt werden kann und hier beim ORC meist eine Verdampfung erfolgt. Dies ergibt einen Wirkungsgrad des Referenzprozesses η_{RP} von 39,9 %.

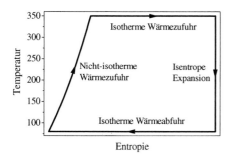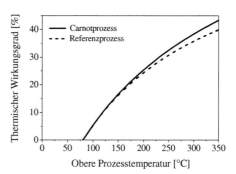

Abb. 10: *T,s* -Diagramm und thermischer Wirkungsgrad des Biomasse-Vergleichsprozesses.

2.2   Organic Rankine Cycle

Für die Simulation des ORC ist die Berechnung thermodynamischer Zustandsgrößen notwendig. Hierfür sind zum einen Stoffdaten und zum anderen ein Modell nötig, das die Zusammenhänge zwischen den Zustandsgrößen abbildet.

2.2.1   Stoffdatenbank

Im Vergleich zu der immensen Anzahl an organischen Substanzen ist bisher nur eine kleine Anzahl an Fluiden für den ORC in Betracht gezogen worden. Das grundsätzliche Problem besteht darin, dass nur für wenige Stoffe explizite Enthalpie- und Entropiewerte verfügbar sind. Um einen weiten Bereich an Fluiden zu vergleichen, wird eine Methode entwickelt, die nur eine beschränkte Anzahl an grundlegenden Daten benötigt wie

- Molekulargewicht,
- Kritische Temperatur,
- Kritischer Druck,
- Azentrischer Faktor,
- Schmelzpunkt,
- Selbstentzündungstemperatur,
- Dampfdruck der flüssigen Phase,
- Verdampfungsenthalpie,
- Wärmekapazität der flüssigen Phase,
- Wärmekapazität im Idealgasbereich.

Diese thermodynamischen Eigenschaften stellt die Datenbank des Design Institute for Physical Properties (DIPPR) für etwa 1900 Substanzen im Public Release 2006 zur Verfügung [*AIChE, Wilding* 1998]. Die Datenbank ist aus mehreren Gründen gut geeignet. Zum einen werden bis auf vereinzelte Ausnahmen temperaturabhängige Stoffeigenschaften für alle Stoffe anhand derselben Gleichung berechnet, in der die Stoffeigenschaften nur durch angepasste Parameter berücksichtigt werden. Dies vereinfacht die Berechnungsmethode für unterschiedliche Stoffe erheblich. Zum anderen geht die Datenbank auf einen Zusammenschluss der amerikanischen Chemieindustrie zurück. Das impliziert, dass dort aufgeführte Substanzen im Vergleich zu wissenschaftlichen Datensammlungen größtenteils auch kommerziell verfügbar sind. Ein weiterer wichtiger Grund ist, dass sich in ihr die Daten für Silikonöle finden lassen, die im Biomassebereich eingesetzt werden.

2.2.2 Berechnungsmethode

Im T,s - Diagramm (Abb. 11) von Toluol erkennt man das typische Überhängen der Taulinie mit einer teilweise positiven Steigung. Dieses Verhalten zeigen die meisten organischen Fluide. Diese werden auch als trockene ORC-Fluide [*Liu et al.* 2002] bezeichnet, da hier die Expansion nach der Turbine nicht im Nassdampfgebiet endet, wie es beim Rankine Cycle mit Wasser der Fall ist.

Die Berechnungsmethode muss das Zustandsgebiet von der flüssigen Phase bis zum überhitzten Dampf abdecken (Abb. 11). Die Enthalpie $h_3 - h_2$ ist die durch den internen Rekuperator von $h_6 - h_7$ zurückgewonnene Wärme. Die Enthalpie $h_{5\ddot{u}} - h_1$ ist die insgesamt an das Fluid übertragene Energie, $h_{5\ddot{u}} - h_3$ die von einer externen Wärmequelle zugeführte Enthalpie, $h_{5\ddot{u}} - h_6$ die gewonnene Arbeit und $h_7 - h_1$ die Abwärme, die für Heizzwecke genutzt werden kann.

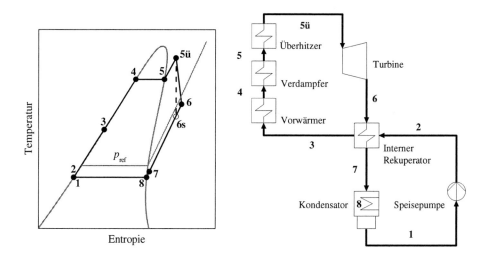

Abb. 11: T,s-Diagramm und Schema eines überhitzten ORC. Die Entropieänderung in der Pumpe ist relativ klein, so dass Punkt 1 und 2 zusammenfallen.

Nach Gleichung (7) ist der Wirkungsgrad des Kreisprozesses

$$\eta_{KP} = \frac{h_{5ü} - h_6 - (h_2 - h_1)}{h_{5ü} - h_3} \tag{16}$$

Die Arbeit der Speisepumpe errechnet sich zu

$$w_{Pumpe} = h_2 - h_1 = \frac{1}{\eta_{Pumpe}} \int_{p_A}^{p_E} v\, dp \tag{17}$$

Der Wirkungsgrad des internen Wärmetauschers ist

$$\eta_{IR} = \frac{h_3 - h_2}{h_6 - h_7} \tag{18}$$

und der Turbinenwirkungsgrad ist definiert als

$$\eta_{Turbine} = \frac{h_{5ü} - h_6}{h_{5ü} - h_{6s}} \tag{19}$$

Der Eintritt des Fluids in die Turbine kann in der Gasphase (5ü) oder auf der Taulinie (5) erfolgen. Die maximale Prozesstemperatur findet sich im Zustand 5ü, die minimale Prozesstemperatur ist die Kondensatortemperatur bei Zustand 1 und 8.

Für die flüssige Phase wird angenommen, dass die Druckerhöhung isentrop und annähernd isotherm erfolgt. Unterhalb des Referenzdrucks $p_B = 101325$ Pa wird der Druckeinfluss vernachlässigt in Übereinstimmung mit der Angabe der Wärmekapazität in der DIPPR-Daten-bank:

$$h^{L} = \int_{p_B}^{p_E} v \, dp + \int_{T_A}^{T_E} c_F dT \quad \text{und} \tag{20}$$

$$s^{L} = \int_{T_A}^{T_E} \frac{c_F}{T} dT \tag{21}$$

mit p_E gleich dem Dampfdruck bei T_E wenn $p_E > p_B$.

Die Verdampfungsenthalpie $h^{Vap}(T,x)$ hängt von der Temperatur T und dem Dampfanteil x ab. Der Einfluss des Dampfanteils wird als ideal und somit direkt proportional angenommen:

$$h^{Vap}(T,x) = x h^{Vap}(T) \tag{22}$$

Die Verdampfungsentropie ist

$$s^{Vap}(T,x) = \frac{h^{Vap}(T,x)}{T} \tag{23}$$

Im Idealgasgebiet, gekennzeichnet durch einen niedrigen Druck und einen großen Abstand zum kritischen Punkt, hängt die Enthalpie nicht vom Druck ab. Somit wird hier die Enthalpie und die Entropie bis zum Referenzdruck von 101325 Pa nur in Abhängigkeit von der Temperatur berechnet:

$$h^{IG} = \int_{T_A}^{T_E} c_P^{IG} \, dT \tag{24}$$

$$s^{IG} = \int_{T_A}^{T_E} \frac{c_P^{IG}}{T} dT \tag{25}$$

Ideales Verhalten vorauszusetzen bedeutet, dass der Gradient einer isobaren Änderung der Entropie (ds/dT) bei einer bestimmten Temperatur für alle Drücke unter dem Referenzdruck gleich ist. Somit können alle Zustände bei jeder beliebigen Temperatur durch eine Veränderung von Verdampfungstemperatur und –druck erreicht werden.

Um Zustände bei höheren Drücken zu berechnen, erfolgt auf eine Temperaturerhöhung bei Referenzdruck eine isotherme Zustandsänderung. Für isotherme Enthalpie- und Entropieänderungen gilt (siehe z.B. *Bošnjaković* [1997]):

$$h(p_E) - h(p_A) = \int_{p_A}^{p_E} \left[v - T \left(\frac{dv}{dT} \right)_p \right]_T dp \quad \text{und} \tag{26}$$

$$s(p_E) - s(p_A) = -\int_{p_A}^{p_E} \left(\frac{dv}{dT} \right)_p dp \tag{27}$$

Für die Lösung dieser Gleichungen wird eine Zustandsgleichung (equation of state, EOS) benötigt, die nicht-ideales Verhalten beschreibt. Hier wird die bekannte Peng-Robinson-EOS [*Valderrama* 2003] angewendet, die gut für den Zweck dieser Arbeit geeignet ist [*Poling et al.* 2001].

$$p = \frac{RT}{v-b} - \frac{a(T)}{v^2 + 2bv - b^2} \tag{28}$$

Die Faktoren $a(T)$ und b sowie die Ableitung von $a(T)$ sind im Anhang aufgeführt.

Die Enthalpie- und Entropieunterschiede zwischen idealem und nicht-idealem Verhalten können in geschlossenen Gleichungen ausgedrückt werden [*Sandler* 1999]:

$$h(p) - h^{IG} = RT(Z-1) + \frac{T\left(\dfrac{\mathrm{d}\,a(T)}{\mathrm{d}T}\right) - a(T)}{2\sqrt{2}b} \ln\left[\frac{Z + (1+\sqrt{2})B}{Z + (1-\sqrt{2})B}\right] = f_h(p) \tag{29}$$

$$s(p) - s^{IG}(p) = R\ln(Z-B) + \frac{\dfrac{\mathrm{d}\,a(T)}{\mathrm{d}T}}{2\sqrt{2}b} \ln\left[\frac{Z + (1+\sqrt{2})B}{Z + (1-\sqrt{2})B}\right] = f_s(p) \tag{30}$$

mit

$$Z = pv/RT \quad \text{und} \quad B = pb/RT \tag{31,32}$$

Somit ist

$$h(p_E) - h(p_A) = f_h(p_E) - f_h(p_A) \quad \text{da } h^{IG} = 0 \tag{33}$$

Die Entropie hängt auch für ideales Verhalten vom Druck ab:

$$s(p_E) - s(p_A) = f_s(p_E) - f_s(p_A) - R\ln\left(\frac{p_E}{p_A}\right) \quad \text{da } s^{IG}(p) = -R\ln\left(\frac{p_E}{p_A}\right) \tag{34}$$

Zusammenfassend kann die Enthalpie und Entropie für die Gasphase für Drücke unter dem Referenzdruck geschrieben werden als

$$h = \int_{T_A}^{T_V} c_F \mathrm{d}T + h^{Vap}(T_V,1) + \int_{T_V}^{T_E} c_P^{IG} \mathrm{d}T \tag{35}$$

$$s = \int_{T_A}^{T_V} \frac{c_F}{T} \mathrm{d}T + s^{Vap}(T_V,1) + \int_{T_V}^{T_E} \frac{c_P^{IG}}{T} \mathrm{d}T \tag{36}$$

und über dem Referenzdruck als

$$h = \int_{T_A}^{T_B} c_F \mathrm{d}T + h^{Vap}(T_B,1) + \int_{T_B}^{T_E} c_P^{IG} \mathrm{d}T \Big|_{p_B} + h(p_E)\Big|_{T_E} - h(p_B)\Big|_{T_E} \tag{37}$$

$$s = \int_{T_A}^{T_B} \frac{c_F}{T} dT + s^{Vap}(T_B, 1) + \int_{T_B}^{T_E} \frac{c_P^{IG}}{T} dT \bigg|_{p_{ref}} + s(p_E)\big|_{T_E} - s(p_B)\big|_{T_E} \tag{38}$$

Für Enthalpieänderungen der flüssigen Phase und der Verdampfung muss die Kompressionsenergie explizit aufgenommen werden, die in den vorherigen Gleichungen implizit durch die isotherme Zustandsänderung mit Druckzunahme berücksichtigt ist.

$$h = \int_{p_B}^{p_E} v dp + \int_{T_A}^{T_E} c_F dT + h^{Vap}(T_E, x) \tag{39}$$

$$s = \int_{T_A}^{T_E} \frac{c_F}{T} dT + s^{Vap}(T_E, x) \tag{40}$$

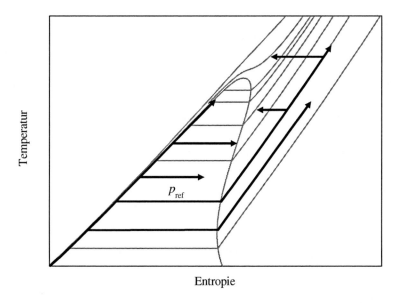

Abb. 12: Illustration der Berechnungsmethode thermodynamischer Zustände.

Mit diesen Gleichungen können alle benötigten Enthalpie- und Entropieänderungen in Abhängigkeit von Temperatur, Druck und Dampfanteil berechnet werden. Zur Berechnung von Kreisprozessen sind jedoch auch Gleichungen notwendig, die z.B. die Temperatur in Abhängigkeit von Enthalpie und Druck liefern. Diese Beziehungen werden nicht durch sogenannte Backward-Equations, sondern durch numerische Methoden bereitgestellt, um die Allgemeingültigkeit des Modells zu erhalten.

Zur Validierung der Berechnungsmethode ist ein Vergleich mit der Software Fluidcal, die auf den Zustandsgleichungen von *Wagner* [2002] sowie *Lemmon* und *Span* [2003] beruht, für

Isopentan und Toluol durchgeführt worden. Abgesehen vom kritischen Punkt ergeben sich Abweichungen von weniger als ± 3 % für die Wärmekapazität der flüssigen und der Gasphase. Bezogen auf die Kreisprozesseffizienz zeigen sich relative Unterschiede von ± 1,5 %.

Dies zeigt, dass die Berechnungsmethode prinzipiell die thermodynamischen Zusammenhänge korrekt abbildet. Es ist jedoch offensichtlich, dass für die meisten Substanzen keine Fehlerabschätzung durchgeführt werden kann, da für diese eben keine Referenzgleichungen vorhanden sind. Deshalb wird die Berechnung für einzelne Stoffe zusätzlich durch die Berechnung der Taulinie über zwei Wege kontrolliert. Diese kann entweder durch eine Erwärmung bis zur maximalen Temperatur mit nachfolgender Verdampfung erfolgen oder über eine Verdampfung bei Referenzdruck, isobarer Erwärmung bis zur gewünschten Temperatur mit anschließender isothermen Kompression bis zum Dampfdruck (Abb. 12). Der Unterschied so berechneter Zustandsgrößen auf der Taulinie erlaubt eine Beurteilung der berechneten Daten. Diese Abweichungen führen letztlich zu unterschiedlichen Wirkungsgraden. Bei akzeptablen Unterschieden (< 1 %-Punkte) sind die Fluide für weitere Berechnungen herangezogen worden, wobei der niedrigere Wirkungsgrad zur Verwendung kam.

Für die Fluidauswahl und die Berechnung des thermischen Wirkungsgrades des ORC ist eine Vielzahl an Parametern zu berücksichtigen (Tab. 1). Sowohl für Biomasse wie Geothermie wird ein Referenzszenario festgelegt, von dem ausgehend einzelne Parameter variiert werden. Die zwei wichtigsten Parameter sind die maximale und minimale Prozesstemperatur. Die obere Grenze der Prozesstemperatur ist durch die chemische Stabilität des Fluides und die notwendige Materialkompatibilität vorgegeben. Diese sind beide schwierig zu ermitteln. Die typische Maximaltemperatur für ORC-Biomasseanlagen liegt bei ca. 270 °C. Eine Steigerung auf 300 °C ist möglich. Deshalb wird für diese Temperatur der ORC detailliert analysiert. Zusätzlich wird der thermodynamische Einfluss der oberen Prozesstemperatur zwischen 250 °C und 350 °C betrachtet, wohl wissend, dass manche Fluide für den oberen Temperaturbereich ungeeignet sind. Im Geothermiebereich ist die obere Prozesstemperatur durch die Thermalwassertemperatur beschränkt. Für das Referenzszenario wird Thermalwasser mit 125 °C vorgegeben und der Temperaturbereich von 100 °C bis 200 °C untersucht.

Die untere Prozesstemperatur entspricht der Kondensationstemperatur und wird für den Biomasse-ORC auf 90 °C mit einer Sensitivitätsanalyse für ± 10 °C festgesetzt. Für geothermische Anwendungen wird eine Kondensationstemperatur von 20 °C vorgegeben und zusätzlich die Auswirkung einer um 10 °C erhöhten Kondensationstemperatur diskutiert. Die Kondensationstemperatur wird, falls nötig, angehoben, um einen Dampfdruck von 5000 Pa sicherzustellen, der als niedrigster Wert für den Kondensator vorgegeben ist (Abb. 13). Die Schmelztemperatur sollte über der Umgebungstemperatur liegen, da ansonsten das Fluid während Stillstandszeiten in die Festphase übergehen kann. Der Turbinenwirkungsgrad wird für das Referenzszenario auf 80 % gesetzt, was im typischen Bereich von 75 % bis 85 % liegt [Angelino und Colonna di Paliano 1997, 2000]. Deutlich niedrigere Turbinenwirkungsgrade können im sehr niedrigen Leistungsbereich auftreten, der nur für Biomasseanwendungen von Interesse ist. Deshalb wird hier die Sensitivität des Turbinenwirkungsgrad demonstriert und dieser Parameter in den Grenzen von 60 % bis zum Idealfall von 100 % variiert.

Der maximale Druck für den unterkritischen Betrieb wird auf 2 MPa begrenzt, um den Sicherheitsaufwand und die Materialkosten zu reduzieren [Lee et al. 1993]. Wenn der Dampfdruck bei der oberen Prozesstemperatur unter 2 MPa liegt, wird das Fluid direkt von der Taulinie expandiert. Andernfalls wird das Fluid überhitzt (Abb. 13). Wenn nach diesen Vorgaben der Prozessdruck unter 0,3 MPa liegt, wird das Fluid vom weiteren Screening-Prozess ausgeschlossen, da das Druckverhältnis in der Turbine zu niedrig für einen effizienten Prozess ist. Im Biomassebereich wird in den seltenen Fällen, in denen Prozesstemperatur und -druck im überkritischen Gebiet eines Fluids liegen, der Prozessdruck um 0,1 MPa unter den kritischen Druck gesenkt und das Fluid überhitzt. Hier bringt ein überkritischer Prozess im Gegensatz zur Geothermie keine Vorteile. Bei dieser wird für die überkritische Betriebsweise ein oberer Prozessdruck von 5 MPa festgelegt.

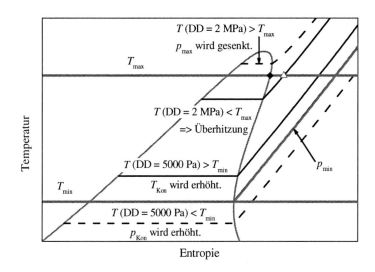

Abb. 13: Schematisches T,s-Diagramm mit dem Entscheidungsmuster für die Interaktion zwischen Dampfdruck und Prozessparametern des unterkritischen ORC. Die gefüllte Raute steht für den Zustand bei Turbineneintritt ohne Überhitzung, das Dreieck gibt den Zustand bei einer Überhitzung wieder, beide jeweils bei 2 MPa. DD = Dampfdruck.

Beim ORC ist der Druckverlust in den Wärmetauschern nur im internen Rekuperator relevant, da dieser den Turbinenaustrittsdruck beeinflusst. Druckverluste in den anderen Wärmetauschern können mit vernachlässigbarem energetischen Aufwand von der Speisepumpe ausgeglichen werden. Im Geothermiebereich besteht die Möglichkeit, dass die Expansion im Nassdampfgebiet oder nahe der Taulinie endet. In diesem Fall wird keine Wärme intern übertragen und der Druckverlust des internen Rekuperators fällt weg. Der Wirkungsgrad des internen Rekuperators wird nur für Biomasseanwendungen berücksichtigt, da hier die Wärmeübertragung deutlich über Umgebungstemperatur stattfindet. Für die Geothermie wird von ver-

nachlässigbaren Verlusten ausgegangen, da hier die Wärmeübertragung nahe der Umgebungstemperatur erfolgt.

Tab. 1: Parameter des Screenings für ORC-Fluide.

Parameter	Biomasse	Geothermie
Schmelzpunkt	< 2 °C	
Obere Prozesstemperatur	< Selbstentzündungstemperatur	
Kondensationsdruck	5000 Pa bzw. Dampfdruck	
Kondensationstemperatur	≥ 90 °C (80 °C, 100 °C)	≥ 20 °C (30 °C)
Dampfanteil am Turbinenauslass	> 90 %	
Wirkungsgrad des internen Rekuperators	95 %	100 %
Pinch Point des internen Rekuperators (T_7-T_8)	10 °C	5 °C
Druckverlust des internen Rekuperators	5 kPa (0, 10, 20 kPa)	5 kPa
Turbinenwirkungsgrad	80 % (60, 70, 90, 100 %)	80 %
Speisepumpenwirkungsgrad	75 %	
Oberer Prozessdruck (unterkritisch)	≤ 2 MPa bzw. Dampfdruck	
Oberer Prozessdruck (überkritisch)	entfällt	≤ 5 MPa
Minimaler Turbineneintrittsdruck	0,3 MPa	

2.2.3 Spezifika der Biomassenutzung

Aus den Berechnungen des Kreisprozesses wird eine Vorauswahl an thermodynamisch geeigneten Fluiden getroffen. Das Energiesystem Biomasseheizkraftwerk wird mit einer einge-
schränkten Auswahl an Fluiden berechnet, da diese Simulation äußerst rechenzeitintensiv ist.
Das Standardfluid OMTS ist bis zu einer Temperatur von ca. 270 °C dauerstabil. Deshalb
wird OMTS bei einer maximalen Prozesstemperatur von 270 °C mit alternativen Fluiden
verglichen. Für diese werden auch bei einer maximalen Prozesstemperatur von 300 °C
Berechnungen durchgeführt.

Acht Anlagenkonzepte werden analysiert, wobei der Wasser-Economiser, die Luftvorwärmung, Massenstromaufspaltung sowie ein zweiter Thermoölkreislauf berücksichtigt werden
(siehe Kap. 3.1). Theoretisch sind weitere Verschaltungsvarianten denkbar, die sich aber als
wenig sinnvoll erweisen, da verschiedene Apparate um Wärme auf dem gleichen Temperaturniveau konkurrieren würden. So wird zum Beispiel die Kombination Wasser-Economiser und
Luftvorwärmung nicht untersucht.

Das Energiesystem Biomasseheizkraftwerk hängt neben dem ORC-Fluid und dem Anlagen-konzept von einer Vielzahl an Randbedingungen ab, die im Folgenden definiert werden:

- chemische Zusammensetzung und Feuchte des Holzes,
- Verbrennungsluftverhältnis λ,
- maximale Rauchgastemperatur,
- Temperatur und Feuchte der Umgebungsluft,
- Wärmeverluste.

Die chemische Zusammensetzung und Feuchte des eingesetzten Holzes bestimmen die Eigen-schaften des Rauchgases generell und insbesondere in thermodynamischer Hinsicht. Tab. 2 zeigt typische Werte.

Tab. 2: Chemische Zusammensetzung in Massenanteilen von lufttrockenem Holz (Feuchte = 17 %) mit einem Heizwert ($H_{i,\,lutro}$) von 15100 kJ/kg$_{Holz}$.

Kohlenstoff	Wasserstoff	Sauerstoff	Stickstoff	Schwefel	Wasser	Asche
50 %	4 %	29 %	1 %	1 %	14,8 %	0,2 %

Der Heizwert H_i wird stark durch die Holzfeuchte u bzw. den Wassergehalt WG des Holzes beeinflusst, die folgendermaßen definiert sind [siehe z.B. *Kaltschmitt* 2001]:

$$WG = \frac{m_{Wasser}}{m_{feuchtes\ Holz}} \tag{41}$$

$$u = \frac{m_{Wasser}}{m_{trockenes\ Holz}} \tag{42}$$

Die in Tab. 2 dargestellten Werte beziehen sich auf lufttrockenes Holz, welches per Definition eine Holzfeuchte von ca. 17 % besitzt. Der Heizwert bei anderen Wassergehalten wird anhand dieser Vorgabe berechnet. Mit Gleichung (43) wird der maximale Heizwert $H_{i,\,atro}$ für absolut trockenes Holz (atro) bestimmt:

$$H_{i,\,atro} = \frac{H_i + (h_{H_2O}^{Vap}\ WG)}{1 - WG} \tag{43}$$

Durch Umstellen der Gleichung kann der Heizwert für jeden Wassergehalt berechnet werden (Abb. 14). Auf Basis dieser oder ähnlicher Gleichungen wird in der Praxis der Holzpreis festgelegt. Für das Referenzszenario wird ein Wert von 40 % festgelegt. Der Einfluss der Holzfeuchte wird durch Berechnungen bei Holzfeuchten von 20 % und 60 % aufgezeigt.

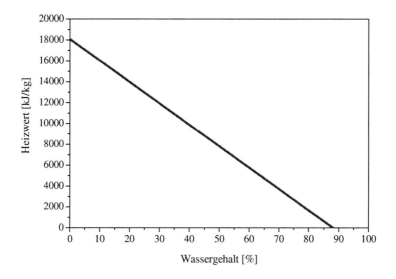

Abb. 14:   Heizwert von Holz in Abhängigkeit des Wassergehaltes.

Neben dem Brennstoff ist die Zusammensetzung der Zuluft für das Rauchgas von Bedeutung. Es werden die Komponenten Stickstoff, Sauerstoff, Argon, Kohlendioxid und Wasser betrachtet.

Für typische Verhältnisse von 15 °C Umgebungstemperatur und einer Luftfeuchte von 60 % ist die Zusammensetzung der zugeführten Luft in Tab. 3 dargestellt.

Tab. 3:   Molanteile trockener und feuchter Luft bei 15 °C und 60 % rel. Luftfeuchte.

Komponente	Molanteil trockene Luft	Molanteil feuchte Luft
Stickstoff	0,7804	0,7724
Sauerstoff	0,2100	0,2079
Argon	0,0093	0,0092
Kohlendioxid	0,0003	0,0003
Wasser	entfällt	0,0102

Die Verbrennung wird unter der Annahme berechnet, dass der Brennstoff vollständig umgesetzt wird und die Bildung von Stickoxiden energetisch vernachlässigt werden kann. Gleichgewichtsreaktionen werden nicht berücksichtigt. Es wird die adiabate Flammentemperatur in Abhängigkeit vom Verbrennungsluftverhältnis λ berechnet. Für λ wird ein typischer Wert von 1,5 angenommen. Es wird eine Sensitivitätsanalyse für den idealen Fall von λ gleich 1,0 und für einen hohen Sauerstoffüberschuss mit λ gleich 2,0 durchgeführt (Tab. 4). Die Verbrennungstemperatur wird durch eine Abgasrückführung auf 950 °C begrenzt.

Tab. 4: Randbedingungen der Biomasseverbrennung.

Randbedingung	Wert
Temperatur der Zuluft	15 °C
Feuchte der Zuluft	60 %
Verbrennungsluftverhältnis λ	1,5 (1,0, 2,0)
Holzfeuchte	40 % (20 %, 60 %)
Maximale Rauchgastemperatur	950 °C

Da Wärmeträgeröle sich in ihrer spezifischen Wärmekapazität nur gering unterscheiden, wird zur Ermittlung einer Funktion für c_F ein typisches Wärmeträgeröl als Referenzthermoöl herangezogen. Es handelt es sich hierbei um das Thermoöl Mobiltherm 603.

$$h_E - h_A = \int_{T_A}^{T_E} c_F \, dT \tag{44}$$

Die Temperaturabhängigkeit der spezifischen Wärmekapazität kann durch folgende Gleichung beschrieben werden:

$$c_F = 0,0036 \frac{kJ}{kg\,K^2} T + 0,8184 \frac{kJ}{kg\,K} \tag{45}$$

Wärmeverluste werden für Wärmeübergange ohne Phasenwechsel mit 5 % und mit 10 % für den Kondensator bzw. Verdampfer abgeschätzt.

Tab. 5: Temperaturdifferenzen an den Pinch Points.

Pinch Point	Temperaturdifferenz
Rauchgas / Thermoölkessel	35 °C
Rauchgas / ORC-Economiser	35 °C
Rauchgas / Wasser-Economiser	35 °C
Rauchgas / Luftvorwärmung	35 °C
Thermoöl / Vorwärmer und Verdampfer	10 °C
Interner Rekuperator	10 °C
Kondensator	10 °C

Es wird ein Temperaturabfall von 15 °C von einem Apparat zum nächsten angenommen. An Pinch Points werden verschiedene Temperaturdifferenzen festgelegt (Tab. 5). Diese Angaben sind laut Anlagenbauer typische Werte, wie sie in der Praxis erreicht werden.

Das Modell ist durch einen Vergleich mit der Software Cycle-Tempo [*Delft* 2004] positiv auf eine prinzipiell korrekte Abbildung der Zusammenhänge getestet worden.

2.2.4   Spezifika der Geothermie

Für die Betrachtung des Energiesystems geothermisches Kraftwerk sind die Eigenschaften des Thermalwassers und des Kühlwassers wichtige Parameter. Als Referenz wird Thermalwasser im Molassebecken herangezogen, das einen niedrigen Salzgehalt aufweist, so dass die Eigenschaften von reinem Wasser verwendet werden können (Tab. 6). Für das Kühlwasser wird ebenfalls mit den Stoffdaten für reines Wasser gerechnet.

Tab. 6:   Stoffdaten für Wasser.

Thermalwasser	
Maximaltemperatur	100 °C bis 200 °C
Mögliche Minimaltemperatur	10 °C / 20 °C / 60 °C
Volumenstrom	150 l/s
Dichte	969 kg/m^3
Wärmekapazität	4,196 kJ/(kg K)
Kühlwasser	
Austrittstemperatur	17 °C / 27 °C
Eintrittstemperatur	10 °C / 20 °C

Aus den Stoffdaten für Wasser erhält man für den Referenzfall mit einer Thermalwassertemperatur von 125 °C mit Gleichung (4) einen zur Verfügung stehenden Thermalwasserwärmestrom von 70.137 kW. Aus den Temperaturniveaus ergibt sich nach Gleichung (15) ein maximaler elektrischer Wirkungsgrad von 16,1 %. Dies entspricht einer mechanischen Leistung von 11.275 kW.

Im Allgemeinen werden die Berechnungen für eine Kühlwassereintrittstemperatur von 10 °C durchgeführt. Um die Sensitivität der Leistungsabgabe von der Kühlwassertemperatur zu erfassen, wird ein Teil der Szenarien mit einer Eintrittstemperatur von 20 °C berechnet.

Aus hydrogeologischen Gründen kann es notwendig sein, das Thermalwasser mit einer Mindesttemperatur in den Untergrund zurück zu pumpen. Für diesen Fall wird eine Temperatur von 60 °C angenommen.

Energetische Aufwendungen für die Förderpumpe und das Kühlwasser sowie Generator-verluste u.ä. werden nicht betrachtet, da sie für alle Kreisprozesse als ähnlich angenommen werden.

Basierend auf dem ORC-Modul ist ein Softwaremodul entwickelt worden, dass die Leistung geothermischer Kraftwerke in Abhängigkeit von Thermalwasser- und Kühlwassereigen-schaften und dem notwendigen Pinch Point berechnet. Weitergehend erfolgte eine Opti-mierung der Massenströme und Verdampfungstemperaturen des ORC. Bei der zweistufigen Betriebsweise sind die beiden Druck- bzw. Temperaturniveaus frei wählbar und somit die zu optimierenden Parameter.

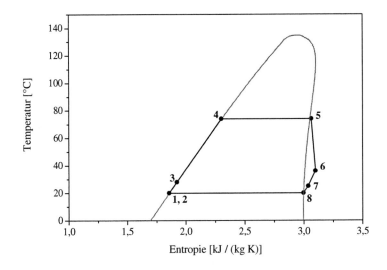

Abb. 15: *T,s*-Diagramm eines Standard-ORC mit Isobutan. Die Entropie- und Temperaturänderung in der Pumpe ist relativ klein, so dass Punkt 1 und 2 zusammenfallen.

Beim ORC für Geothermie mit dem charakteristischen Fluid Isobutan fällt im Vergleich zum Biomasse-ORC auf, dass der kritische Punkt relativ niedrig liegt (Abb. 15). Dies führt dazu, dass die Verdampfungsenthalpie stark mit der Temperatur abnimmt. Auch ist die Steigung der Taulinie nicht sehr ausgeprägt. Dies bedingt einen niedrigen Anteil an intern zu übertragender Wärme. Prinzipiell gibt es hier auch Fluide, bei denen die Expansion sehr nahe an der Tau-linie oder im Nassdampfgebiet endet, so dass auf einen internen Rekuperator verzichtet werden kann.

Durch den begrenzten Massenstrom einer Thermalquelle ist auch ihr Wärmestrom festgelegt (Abb. 16). Der Massenstrom des Kühlwassers kann angepasst werden. Der maximale Kühl-wasserstrom würde benötigt werden, wenn ein Kreisprozess das Thermalwasser vollständig nutzen könnte. Der reale Kühlwasserstrom liegt darunter. In den später folgenden Dia-grammen wird auf das Einzeichnen des Kühlwasserstroms verzichtet. Der Einsatz eines internen Rekuperators erhöht die Leistungsabgabe nicht, abgesehen von der Ausnahme, dass das Thermalwasser nicht beliebig tief abgekühlt werden darf. Generell verringert ein interner Rekuperator die benötigte Kühlwassermenge. Dieser Vorteil muss im Einzelfall gegen die Kosten für den internen Rekuperator abgewogen werden.

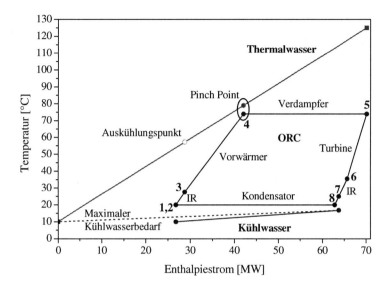

Abb. 16: *T, $\dot{H}$* -Diagramm eines Standard-ORC mit Isobutan. IR = Interner Rekuperator.

Bei der Übertragung von Wärme kühlt sich das Thermalwasser ab, während bei der Verdampfung des ORC-Fluids die Temperatur konstant bleibt. Dadurch entsteht ein Pinch Point zwischen Thermalwasser und ORC-Fluid. Dies bedeutet, dass bei hohem ORC-Massenstrom die obere Prozesstemperatur und damit η_{KP} niedrig ist (Abb. 17). Umgekehrt ist bei einem niedrigen Massenstrom η_{KP} höher. Da die Leistungsabgabe aber das Produkt aus spezifischer Arbeit und Massenstrom ist, gibt es eine optimale obere Prozesstemperatur verknüpft mit einem dazugehörigen Massenstrom. Dies führt dazu, dass die Energie des Thermalwassers nur bis zu einer bestimmten Temperatur effizient genutzt werden kann.

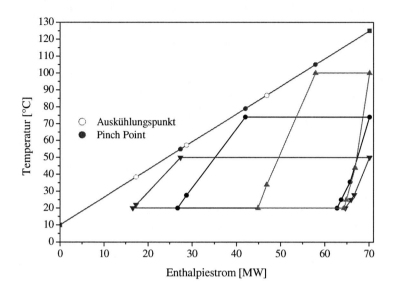

Abb. 17: $T, \dot{H}$ -Diagramm eines Standard-ORC mit Isobutan bei unterschiedlichen Verdampfungs-temperaturen.

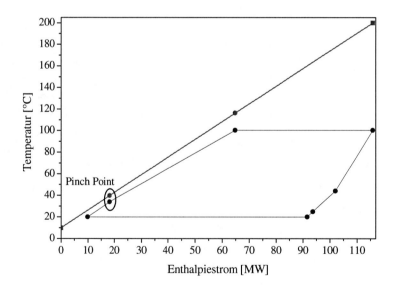

Abb. 18: $T, \dot{H}$ -Diagramm eines Standard-ORC mit Isobutan bei einer Thermalwassertemperatur von 200 °C.

Insbesondere bei höheren Thermalwassertemperaturen und Fluiden mit einer niedrigen kritischen Temperatur wechselt der Pinch Point vom Beginn der Verdampfung zum Beginn der Vorwärmung (Abb. 18). Ein Anheben der Verdampfungstemperatur führt in diesem Fall nicht zu einem Pinch Point am Beginn der Verdampfung des ORC-Fluids, da die spezifische Verdampfungsenthalpie mit steigender Temperatur abnimmt.

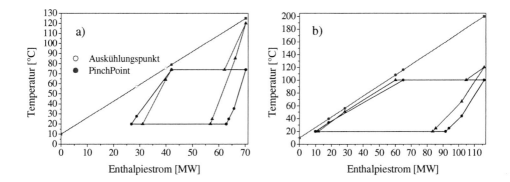

Abb. 19: $T, \dot{H}$ -Diagramme eines ORC mit Isobutan, a) mit Pinch Point am Beginn der Verdampfung, b) mit Pinch Point am Beginn der Vorwärmung. Kreise stehen für den Standardfall ohne Überhitzung und Dreiecke für einen ORC mit Überhitzung.

Prinzipiell ist beim ORC eine Überhitzung des Fluids möglich. Diese wirkt sich jedoch negativ auf die Leistungsabgabe aus. Bei einer Überhitzung steht die oberhalb der Verdampfungstemperatur verfügbare Wärme des Thermalwassers nicht mehr vollständig für die Verdampfung zur Verfügung (Abb. 19 a). Dies führt zu einem kleineren Massenstrom. Die Wirkungsgradsteigerung durch die Überhitzung kann dies nicht kompensieren, so dass die Leistungsabgabe sinkt. Dieser Effekt tritt bei jedem Temperaturniveau auf, so dass auch eine Variation des Druckes bzw. der Verdampfungstemperatur keinen Vorteil bringt. Nur in den Fällen, in denen der Pinch Point am Beginn der Vorwärmung auftritt, kann die Überhitzung die Leistung steigern (Abb. 19 b).

2.3 Kalina Cycle

Der Kalina-Prozess verwendet ein Wasser-Ammoniak-Gemisch als Arbeitsmittel. Charakteristisch für solche zeotropen Gemische ist die nicht-isotherme Verdampfung bzw. Kondensation. Bei einem Ammoniakanteil von z. B. 80 % erstreckt sich die Verdampfung über eine Temperaturspanne von ca. 90 °C (Abb. 20).

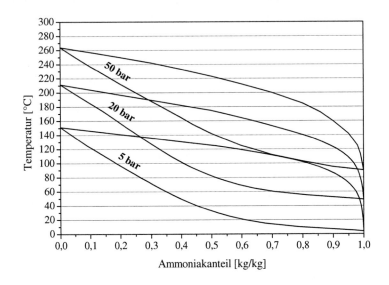

Abb. 20: Siedelinsen im *T,y* -Diagramm nach *Merkel et al.* [1929] sowie *Köhler* [2005].

Aus der Vielzahl an Kalina-Prozessen werden insbesondere der KCS 34 und der SG 2 betrachtet. Der KCS 34 wird explizit mit der Software Cycle-Tempo [*Delft* 2004] simuliert. Für den SG 2 liegen Angaben des Herstellers vor. Die Parameter der beiden Kalina Cycles finden sich in Tab. 7. Für den Kalina Cycle werden die gleichen Randbedingungen für das Thermal- und Kühlwasser wie für den ORC angenommen (siehe Tab. 6).

Der KCS 34 (Abb. 21) ist der Standard-Kalina-Prozess für die geothermische Stromerzeugung. Wie bei jedem Rankine-Kreisprozess wird ein Fluid erwärmt, verdampft, in der Turbine entspannt, kondensiert und anschließend mit einer Speisepumpe wieder auf Prozessdruck gebracht. Analog dem ORC findet keine Überhitzung statt. Der Unterschied zum ORC besteht darin, dass im Verdampfer bzw. Desorber mit nachfolgendem Separator das Fluid in einen ammoniakreichen Dampf und eine an Ammoniak verarmte wässrige Lösung aufgespalten wird. Der Dampf wird über eine Turbine geleitet, während die Flüssigphase nach einer möglichen Wärmerückgewinnung über eine Drossel auf den Turbinenaustrittsdruck entspannt wird. Die beiden Teilströme werden wieder vereinigt und fließen über einen internen Wärmetauscher an den Kondensator bzw. Absorber zurück. Nach der Kondensation bzw. Absorption erhöht die Speisepumpe den Druck des Fluids wieder.

Der Vorteil des NH_3/H_2O - Gemisches zeigt sich im $T, \dot{H}$ - Diagramm (Abb. 22). Sowohl die Verdampfung als auch die Kondensation erfolgen nicht-isotherm, so dass der Prozess besser an die Wärmequelle und -senke angepasst werden kann. Er nimmt im Mittel auf höherem Temperaturniveau Wärme auf, was zu einer Erhöhung des Wirkungsgrades führt. Der beim ORC entscheidende Pinch Point beim Beginn der Verdampfung wird zwar nicht bedeutungslos, aber deutlich entschärft.

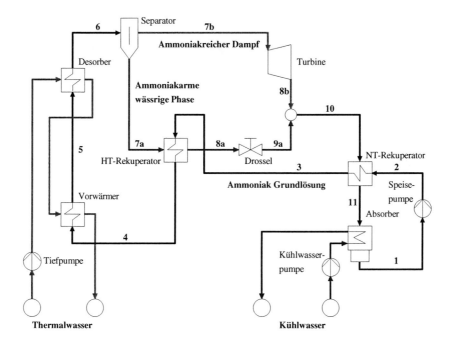

Abb. 21: Anlagenschema des KCS 34.

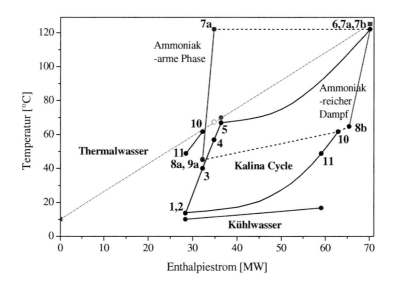

Abb. 22: $T, \dot{H}$ -Diagramm des KCS 34.

Für den Kalina Cycle sind mehrere Verbesserungen vorgeschlagen worden. Diese zeichnen sich durch eine höhere Leistungsabgabe verbunden mit einem erhöhten technischen Aufwand aus. Auf Grund der Komplexität dieser Kreisprozesse wird auf eigene Berechnungen verzichtet und statt dessen auf Herstellerberechnungen für den SG 2 zurückgegriffen.

Tab. 7: Parameter des Kalina Cycle.

Parameter	Wert
Turbinenwirkungsgrad	87 %
Wirkungsgrad Speisepumpen	75 %
Pinch Point Wärmetauscher	3 °C
Druckverlust Wärmetauscher	20000 Pa
Maximaler Prozessdruck	5 MPa

Der Kalina-Cycle weist einen relativ hohen Turbinenwirkungsgrad auf, da gebräuchliche Wasserdampfturbinen eingesetzt werden können. Der Pinch Point ist kleiner als beim ORC, während die Druckverluste höher sind.

3 Optimierungsstrategien

3.1 Biomasse

Wenn Anlagen entsprechend des Standardkonzepts mit dem üblichen Arbeitsmittel Okta-methyltrisiloxan (OMTS) realisiert werden, ergibt sich eine Stromausbeute von etwa 14 % [*Duvia* 2002, *Obernberger et al.* 2002]. Dies ist angesichts der auftretenden Temperaturen und im Verhältnis zum Wirkungsgrad des Vergleichsprozesses von ca. 40 % ein niedriger Wert. Um die Stromausbeute zu erhöhen, gibt es generell zwei Wege:

- Verbesserung des thermischen Wirkungsgrades η_{KP} des Kraftprozesses,

- Erhöhung des Wärmeausnutzungsgrades Φ.

Der thermische Wirkungsgrad hängt von den Temperaturen der Wärmesenke und Wärme-quelle ab. Die Temperatur der Wärmesenke ist durch das Fernwärmenetz vorgegeben. Ob-wohl dessen Vorlauftemperatur in einem gewissen Rahmen variabel ist, wird diese Tem-peratur als konstant angenommen. Somit steht noch die Möglichkeit zur Verfügung, die thermodynamische Mitteltemperatur der Wärmezufuhr zu erhöhen. Dies kann zum einen durch ein Anheben der Maximaltemperatur erfolgen. Desweiteren steigt sie bei einem hohen Anteil an Verdampfungsenthalpie und einer Verdampfung bei hohen Temperaturen (Abb. 23).

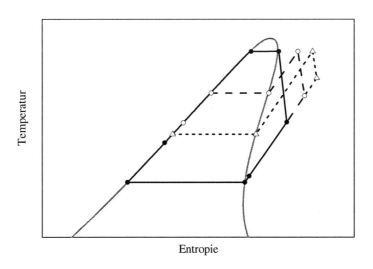

Abb. 23: Thermodynamische Zustände des ORC mit und ohne Überhitzung im *T,s* -Diagramm.

Dies ist der Grund, weshalb beim ORC auf eine Überhitzung verzichtet wird und das Arbeitsmittel direkt von der Taulinie verdampft wird. Überdies wächst bei einer Überhitzung der zu übertragende Wärmeanteil an und die Expansion endet bei einem höheren spezifischen Volumen, was einen aufwändigeren internen Rekuperator zur Folge hat. Eine möglichst hohe obere Prozesstemperatur ist wünschenswert, erfordert aber stabilere Thermoöle und ORC-Fluide. Es wird davon ausgegangen, dass die Temperatur des Thermoöls durch den Einsatz höherwertiger Thermoöle im gleichen Maße wie die des ORC-Fluids angehoben werden kann.

Das Standardfluid OMTS wird gewöhnlich auf ca. 270 °C erhitzt. Seine kritische Temperatur von 291 °C und die beginnende Zersetzung verhindern signifikant höhere Prozesstemperaturen. Ein weiterer nicht zu vernachlässigender Parameter ist der maximale Prozessdruck. Dieser sollte möglichst niedrig liegen, um wenig Energie für die Speisepumpe zu benötigen und um einfache Wärmetauscher einsetzen zu können. Zusammenfassend weist ein hinsichtlich des thermischen Wirkungsgrades ideales Fluid bei einer hohen Prozesstemperatur eine hohe Verdampfungsenthalpie auf.

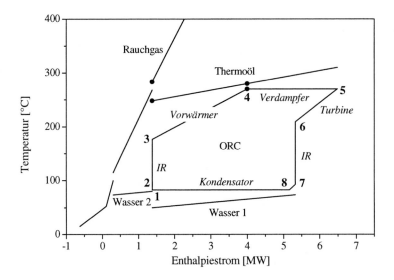

Abb. 24: $T, \dot{H}$-Diagramm des Standardanlagenkonzepts mit n-Propylbenzol als Arbeitsmittel für eine typischen Wärmeabgabe von 5 MW. Punkte symbolisieren die relevanten Pinch Points. Die Temperaturachse ist bei 400 °C gekappt, die höchste Rauchgastemperatur ist 950 °C. IR = Interner Rekuperator.

Neben dem thermischen Wirkungsgrad ist der Wärmeausnutzungsgrad der zweite Faktor, der die Stromausbeute bestimmt. Dieser hängt von der Charakteristik der Wärmequelle und des Kreisprozesses ab. Deren Interaktion illustriert Abb. 24 für das Standardkonzept. Besonders bedeutsam ist dabei das Zusammenspiel des Thermoöls sowohl mit dem Rauchgas als auch mit dem ORC-Fluid. Die Maximaltemperatur des Thermoöls ist durch seine chemische Stabilität beschränkt. Sein Massenstrom kann in gewissen Grenzen frei eingestellt werden. Es treten zwei Pinch Points auf, die den optimalen Massenstrom vorgeben. Der erste ist beim Beginn der Verdampfung des ORC-Fluids und der zweite zwischen dem Rauchgas und dem abgekühlten Thermoöl. Aus diesem Grund kann die Rauchgasenthalpie nur bis zu einer Temperatur von etwa 270 °C für den Kraftprozess genutzt werden. Um dessen Leistungsabgabe zu erhöhen, muss es das Ziel sein, mehr Rauchgasenthalpie an den ORC zu übertragen.

Es stehen mehrere Strategien zu Verfügung, um die oben erwähnten Rahmenbedingungen optimal zu handhaben und Φ zu steigern:

- Fluidauswahl,

- der Einsatz von zwei Thermoölkesseln,

- eine Aufspaltung des Fluid-Massenstroms nach der Speisepumpe und nachfolgende direkte Aufheizung eines Teilstroms, der den internen Rekuperator umgeht,

- Luftvorwärmung.

Die Luftvorwärmung kann sowohl mit den obigen Anlagenkonzepten kombiniert als auch alleine eingesetzt werden. Prinzipiell führt auch eine Erhöhung der Thermoöltemperatur ohne Anheben der ORC-Temperatur zu einem höheren Wärmeausnutzungsgrad. Der Effekt ist aber gering, da der Gradient des Rauchgaswärmestroms relativ steil verläuft. Letztlich ist die Auswahl des Thermoöls eine wirtschaftliche Entscheidung, bei der man die Kosten für ein höherwertiges Thermoöl mit den reduzierten Pumpenkosten für den niedrigeren Massenstrom im Thermoölkreislauf gegenrechnen muss.

3.1.1   Fluidauswahl

Die Fluidauswahl beeinflusst sowohl den thermischen Wirkungsgrad η_{KP} als auch den Wärmeausnutzungsgrad Φ. Während für η_{KP} eine hohe Verdampfungsenthalpie von Vorteil ist, erhöht eine niedrige Verdampfungsenthalpie Φ, da ein Fluid mit einer niedrigen Verdampfungsenthalpie einen steileren Gradienten des Thermoöls ermöglicht, wodurch die Rauchgasenthalpie bis zu einer tieferen Temperatur für den Kraftprozess genutzt werden kann (Abb. 25). Da hierbei Φ erhöht, aber η_{KP} gesenkt wird, führt diese Strategie nicht zu guten Ergebnissen. Dieser Weg ist ideal für Wärmequellen mit festem Massenstrom und einer Maximaltemperatur unterhalb oder nahe der chemischen Stabilitätsgrenze. Für diese Bedingungen ist OMTS primär ausgewählt worden.

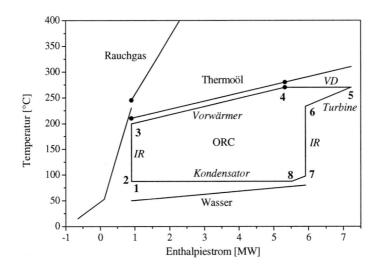

Abb. 25: $T, \dot{H}$ -Diagramm für ein einfaches Anlagenkonzept mit OMTS als ORC-Fluid für eine typischen Wärmeabgabe von 5 MW. Punkte symbolisieren die relevanten Pinch Points. VD = Verdampfer.

3.1.2 Zwei Thermoölkreisläufe

Der Einsatz eines zweiten Thermoölkreislaufs umgeht die Beschränkungen des Pinch Points Thermoöl / Rauchgas. Jeder der beiden Kreisläufe koppelt unabhängig Rauchgas, Thermoöl und ORC-Fluid miteinander (Abb. 26) und regelt hierfür seinen eigenen Massenstrom.

Der erste Thermoölkreislauf überträgt die Wärme für die Verdampfung und der zweite wärmt das ORC-Fluid im Vorwärmer auf. Dadurch ist der Anteil der Verdampfungsenthalpie an der zugeführten Wärme nur noch durch den ökonomisch vertretbaren Maximalmassenstrom des Thermoöls beschränkt. Das Rauchgas kann bis nahe an die Arbeitsmitteltemperatur heruntergekühlt werden (Abb. 27). Neben diesen thermodynamischen Vorteilen ermöglicht dieses Konzept auch eine einfachere Regelung des Thermoölmassenstroms im Vorwärmer. Dies ist wichtig, um eine Verdampfung im Vorwärmer und so eine Havarie der Anlage zu verhindern.

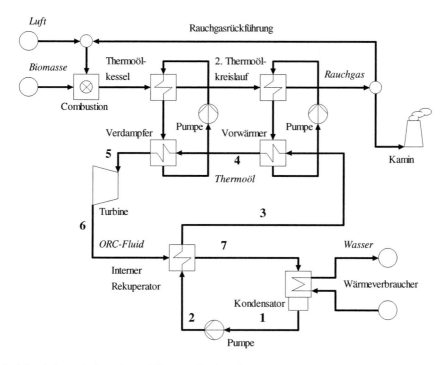

Abb. 26: Anlagendesign mit zwei Thermoölkreisläufen.

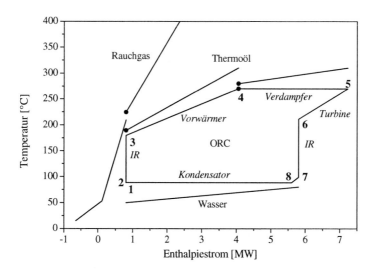

Abb. 27: $T, \dot{H}$-Diagramm für ein Anlagenkonzept mit zwei Thermoölkreisläufen und n-Propyl-benzol als ORC-Fluid für eine typischen Wärmeabgabe von 5 MW. Punkte symbolisieren die relevanten Pinch Points.

3.1.3 Aufspaltung des Massenstroms

Die Aufspaltung des Massenstroms (Abb. 28) ermöglicht es, das Rauchgas bis unter die Ausgangstemperatur des internen Rekuperators für den Kraftprozess abzukühlen (Abb. 29).

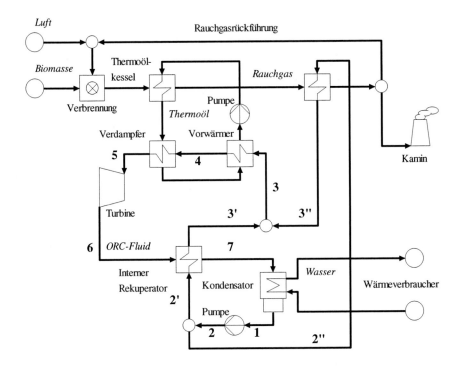

Abb. 28: Anlagendesign mit einer Aufspaltung des ORC-Fluidmassenstroms.

Der Massenstrom des ORC-Fluids wird nach der Speisepumpe aufgespaltet. Der größere Anteil fließt gewöhnlich durch den Rekuperator. Ein kleinerer Teilstrom von etwa 10 % bis 25 % des Gesamtmassenstroms wird direkt durch das Rauchgas aufgewärmt. Beide werden anschließend wieder zusammengeführt und im Vorwärmer aufgeheizt. Dieses Konzept muss zwei Vorgaben einhalten. Die erste ist der Pinch Point zwischen gasförmigem und flüssigem ORC-Fluid im internen Rekuperator. Dieser Pinch Point kann in den vorherigen Konzepten vernachlässigt werden, da die Wärmekapazität der Flüssigkeit höher als die des Gases ist und beide Massenströme gleich groß sind. Im Vergleich dazu steigt nun die Austrittstemperatur des flüssigen ORC-Fluids nach dem Rekuperator auf Grund des reduzierten Massenstroms. Die gesamte nutzbare Enthalpie des gasförmigen ORC-Fluids soll intern auf die Flüssigphase übertragen werden, da ansonsten die Gasphase durch eine andere Wärmesenke gekühlt werden müsste. Die Einhaltung dieser Forderung führt zu einem maximal möglichen Anteil des direkt vorgewärmten ORC-Fluids. Der hieraus resultierende maximale Massenstrom bedingt entweder einen Pinch Point am Eingang oder am Ausgang des Rauchgaswärmetauschers (Abb. 29). Im ersten Fall wird das Aufspaltungsverhältnis reduziert, bis sich ein idealer, parallel verlaufender Gradient zwischen dem Teilstrom und dem Rauchgas ergibt. Für gewöhnlich ereignet sich der zweite Fall, bei dem der Gradient steiler als der des Rauchgases ist. Dies führt dazu, dass nicht bei allen ORC-Fluiden ein signifikant höherer Anteil an Rauchgasenthalpie an den Kraftprozess übertragen werden kann.

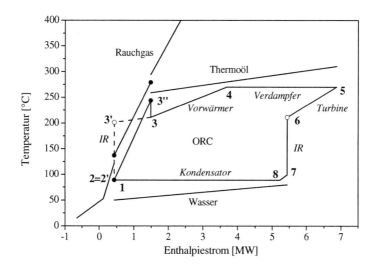

Abb. 29: $T, \dot{H}$ -Diagramm für ein Anlagenkonzept mit Massenstromaufspaltung und PB als ORC-Fluid für eine typischen Wärmeabgabe von 5 MW. Gefüllte Punkte symbolisieren die relevanten Pinch Points zwischen Rauchgas und ORC-Fluid, leere Punkte den Pinch Point des internen Rekuperators.

3.1.4   Luftvorwärmung

Die Luftvorwärmung (Abb. 30) kann mit den vorherigen Konzepten kombiniert oder als Einzelmaßnahme betrachtet werden. Sie steigert die Temperatur der Zuluft und somit die Flammentemperatur. Wegen der Beschränkung der Rauchgastemperatur auf ca. 950 °C durch den Thermoölkessel wird abgekühltes Rauchgas in den Brennraum rückgeführt. Dies senkt die Flammentemperatur, erhöht aber den Massenstrom, was insgesamt zu einem höheren Kesselwirkungsgrad Φ führt. Dabei gilt es zu beachten, dass das Rauchgas auf unter 100 °C abgekühlt werden kann (Abb. 31), was zum Auskondensieren von Säuren im Luftvorwärmer führt. Material und Design dieses Wärmetauschers müssen deshalb sorgfältig ausgewählt werden. Da die Wärmekapazität des Rauchgases größer ist als die der Zuluft, liegt der Pinch Point im Luftvorwärmer beim Eintritt des Rauchgases bzw. Austritt der Zuluft. Dies bedeutet, dass die Rauchgasenthalpie nicht vollständig übertragen werden kann.

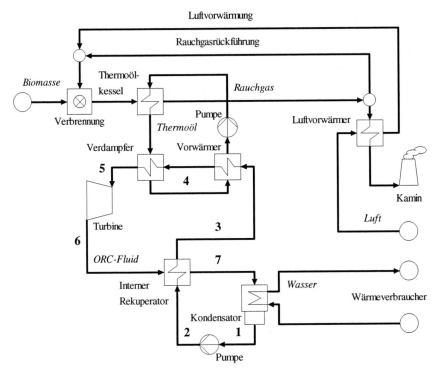

Abb. 30: Anlagenkonzept mit Luftvorwärmung.

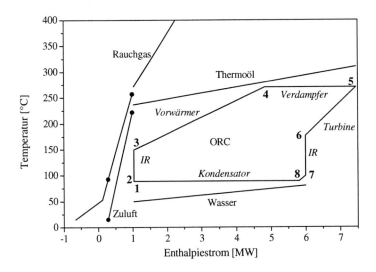

Abb. 31: $T, \dot{H}$ -Diagramm für ein Anlagenkonzept mit Luftvorwärmung und PB als Fluid für eine typische Wärmeleistung von 5 MW. Punkte symbolisieren relevante Pinch Points.

3.2 Geothermie

Die Optimierung des ORC zielt darauf ab, dem Kreislauf mehr Wärme zuzuführen und die Wärme bei höheren Temperaturen aufzunehmen. Eine zentrale Rolle spielt dabei der Pinch Point. Es gibt drei Ansätze:

- Fluidauswahl,
- Zweistufiger Organic Rankine Cycle,
- Überkritischer Organic Rankine Cycle.

3.2.1 Fluidauswahl

Die Fluide müssen zunächst einige grundsätzliche Bedingungen erfüllen. So muss z.B. ihr Dampfdruck ausreichend hoch sein, damit in der Turbine ein sinnvolles Druckgefälle abgebaut werden kann. Desweiteren beeinflussen die Fluideigenschaften direkt die Leistungsabgabe. Kernparameter ist hier das Verhältnis von Verdampfungsenthalpie zur aufgenommenen Enthalpie. Positive Auswirkung einer großen Verdampfungsenthalpie ist bei festgelegter Prozesstemperatur ein hoher Wirkungsgrad η_{KP}, da vermehrt Wärme bei hoher Temperatur aufgenommen wird. Negative Folge ist ein niedriger Wärmeausnutzungsgrad und somit eine niedrige absolute Wärmeaufnahme.

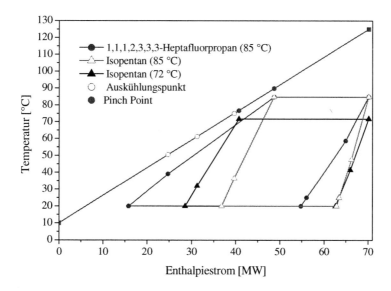

Abb. 32: $T, \dot{H}$ -Diagramm für einen Standard-ORC mit Isopentan und Heptafluorpropan.

Idealerweise würde die Aufwärmung des Fluids gänzlich ohne Verdampfung erfolgen, so dass der ORC optimal an die sich abkühlende Wärmequelle angepasst werden kann. In der Realität kommt man diesem idealen Verhalten nahe, indem Fluide mit einer kleinen Verdampfungs-enthalpie eingesetzt werden. Die Zusammenhänge werden am Beispiel von Isopentan und Heptafluorpropan in Abb. 32 deutlich. Heptafluorpropan nimmt während der Verdampfung weniger Wärme als bei der Vorwärmung auf. Isopentan benötigt mehr als doppelt so viel Wärme für die Verdampfung wie für die Vorwärmung. Da bei einer vorgegebenen Verdam-pfungstemperatur über den Pinch Point die absolute Verdampfungsenthalpie festgelegt ist, bedeutet ein niedriger Vorwärmungsanteil insgesamt eine niedrige Wärmeaufnahme. Dieser Effekt überwiegt den höheren ORC-Wirkungsgrad des Isopentans. Als zweite Auswirkung kommt hinzu, dass für Isopentan die optimale Verdampfungstemperatur (72 °C) unter der von Heptafluorpropan (85 °C) liegt und η_{KP} sinkt (Tab. 8).

Tab. 8: Thermodynamische Kennwerte für einen ORC mit Isopentan und Heptafluorpropan (R 227).

	T_{vap}	$\dot{H}_{vap}$	$\dot{H}_{zu}$	$\dot{H}_{vap}/\dot{H}_{zu}$	P_{netto}	η_{el}	η_{KP}
	(°C)	(MW)	(MW)	(%)	(kW)	(%)	(%)
R 227	85	21,5	45,4	47	4516	6,4	9,9
Isopentan	85	21,5	30,5	70	3777	5,4	12,4
Isopentan	72	29,4	38,9	76	4029	5,7	10,4

3.2.2 Zweistufiger Organic Rankine Cycle

Zweck der zweistufigen Betriebsweise ist es, den Pinch Point zu entschärfen, indem der Fluidmassenstrom geteilt wird und auf zwei unterschiedlichen Druck- und Temperaturniveaus jeweils einer Turbine zugeführt wird (Abb. 33). Zunächst wird der gesamte Fluidmassenstrom auf das Temperaturniveau der Niederdruckstufe vorgewärmt. Anschließend wird ein Teil verdampft und über die Niederdruckturbine Arbeit gewonnen. Der zweite Teil wird nach einer Druckerhöhung vorgewärmt, verdampft und anschließend in der Hochdruckturbine entspannt. Nach dem Zusammenführen der beiden Massenströme läuft der Kreisprozess analog dem einstufigen Verfahren ab.

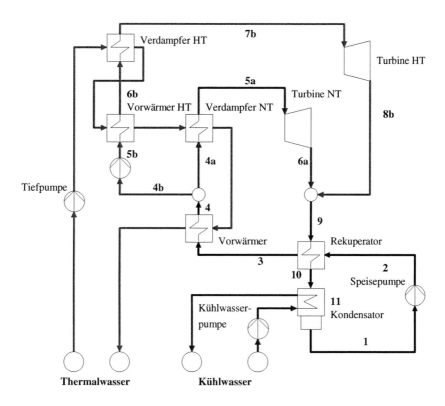

Abb. 33: Anlagenschema für den zweistufigen ORC.

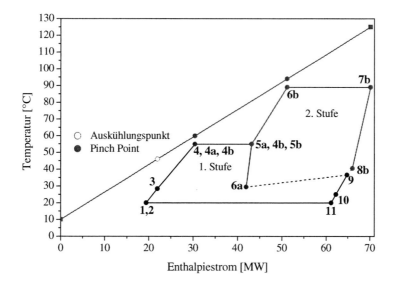

Abb. 34: $T, \dot{H}$ -Diagramm für den zweistufigen ORC mit Isobutan.

Wie man im $T, \dot{H}$ - Diagramm (Abb. 34) erkennt, kann der Kreisprozess durch ein zwei-stufiges Anlagenkonzept mehr Wärme aufnehmen. Zudem erfolgt die Wärmeaufnahme im Vergleich zum einstufigen ORC im Mittel auf höherem Temperaturniveau, so dass η_{KP} steigt.

Theoretisch kann man durch den Einsatz vieler Stufen den Pinch Point vollständig umgehen. Da jedoch für jede Stufe jeweils eine Speisepumpe, Vorwärmer, Verdampfer und Turbine zu-sätzlich benötigt werden, lassen sich nicht beliebig viele Stufen wirtschaftlich realisieren. Eine zweistufige Ausführung von Anlagen in der typischen Leistungsklasse von geother-mischen Kraftwerken erscheint als wirtschaftlich umsetzbar.

3.2.3   Überkritische Betriebsweise

Eine überkritische Betriebsweise umgeht die Verdampfung (Abb. 35), indem das Fluid mit einem höheren Druck als dem kritischen Druck über die kritische Temperatur hinaus erwärmt wird. Dieses Vorgehen kommt dem idealen Verhalten am nächsten und wird u.a. auch bei Wasserdampfkraftwerken eingesetzt, in denen Drücke von 300 bar und Temperaturen um 600 °C erreicht werden. Bei organischen Arbeitsmitteln sind Drücke von 30 bar bis 50 bar notwendig. Diese höheren Drücke haben zur Folge, dass die Wärmetauscher massiver konstruiert werden müssen und die Sicherheitsaufwendungen steigen. Die Fluidauswahl ist eingeschränkt, da die kritische Temperatur unter der Thermalwassertemperatur liegen muss. Von Vorteil ist die niedrige Anzahl an notwendigen Apparaten, da das Anlagenschema dem des Standard-ORC entspricht. Als Beispielfluid wird Propan verwendet, das in der homologen Reihe mit Butan und Pentan steht.

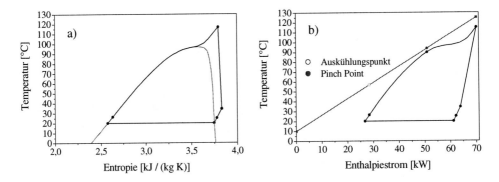

Abb. 35: T,s -Diagramm (a) und $T, \dot{H}$ -Diagramm (b) eines überkritischen ORC mit Propan.

4 Ergebnisse und Diskussion

4.1 Biomasse

Nach der Vorauswahl auf prinzipielle Eignung (siehe Tab. 1) verbleiben ungefähr 700 Substanzen der DIPPR-Datenbank, welche in die folgende Analyse aufgenommen werden.

4.1.1 Organic Rankine Cycle

Abb. 36 zeigt die Fluide gruppiert nach ihrem thermischen Wirkungsgrad jeweils mit und ohne internen Rekuperator. Dieser erhöht die Effizienz entscheidend. Der Wirkungsgrad der 50 besten Fluide reicht von 23,4 % bis 22,6 %. Somit stehen genügend Fluide mit ähnlich hohen thermischen Wirkungsgraden zur Verfügung, aus denen unter Berücksichtigung weitere Kriterien ausgewählt werden kann.

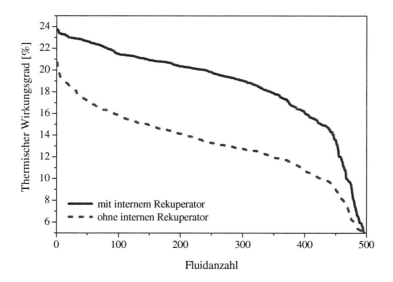

Abb. 36: Thermischer Wirkungsgrad des ORC mit T_{max} = 300 °C and T_{min} = 90 °C.

In Tab. 9 werden der Wirkungsgrad und relevante Parameter potenzieller Fluide für den ORC aufgelistet.

Tab. 9: Kennwerte potenzieller Fluide für den Biomasse-ORC.

Fluid	T_{AI} (°C)	T_s (°C)	T_c (°C)	p_c (MPa)	T_{vap} (°C)	p_{max} (MPa)	T_{kon} (°C)	p_{min} (kPa)	η_{KP} (%)
Ethylbenzol	430	-95	344	3,61	297	2,00	90	24,3	23,4
n-Propylbenzol	456	-99	365	3,20	300	1,41	90	11,4	23,4
1,4-Dichlorbutan	k.A.	-37	368	3,61	300	1,56	90	12,5	23,3
m-Ethyltoluol	480	-95	364	3,15	300	1,41	90	10,4	23,3
1,2,4-Trimethylbenzol	515	-44	376	3,23	300	1,21	90	7,9	23,3
Cumol	424	-96	358	3,21	300	1,56	90	14,3	23,3
cis-1,2-Dimethyl-cyklohexan	304	-50	333	2,94	299	2,00	90	31,0	23,1
Indan	k.A.	-51	412	3,95	300	0,99	90	6,2	23,0
2,2,3,3-Tetra-methylpentan	430	-10	335	2,74	300	1,76	90	22,5	23,0
o-Cymol	397	-71	384	2,90	300	1,02	90	6,0	23,0
1-Methyl-1-Ethyl-cyklopentan	k.A.	-144	309	3,02	280	2,00	90	39,6	22,9
Isopropyl-cyklopentan	k.A.	-111	320	3,04	288	2,00	90	34,0	22,9
Toluol	480	-95	319	4,11	263	2,00	90	54,1	22,7
1-trans-3,5-Tri-methylcyklohexan	314	-84	329	2,84	300	1,83	90	24,6	22,7
3-Methyl-3-Ethyl-pentan	k.A.	-91	304	2,81	278	2,00	90	43,9	22,7
m-Diethylbenzol	450	-84	390	2,88	300	0,93	90	5,3	22,6
n-Butylbenzol	410	-88	388	2,89	300	0,92	91	5,0	22,6
2,2,3,3-Tetra-methylhexan	441	-54	350	2,51	300	1,28	90	11,9	22,6
1-Methyl-3-n-Propylbenzol	k.A.	-82	381	2,81	300	0,95	90	5,1	22,5
3,4-Dimethylhexan	315	-273	296	2,69	274	2,00	90	43,9	22,5
5-Ethyl-m-Xylol	k.A.	-84	382	2,75	300	0,93	91	5,0	22,4
2,3,3-Trimethyl-pentan	430	-101	301	2,82	274	2,00	90	49,0	22,4
Oktamethyl-trisiloxan	350	-86	291	1,44	287	1,34	90	13,8	21,1
Hexamethyl-disiloxan	341	-68	246	1,91	242	1,81	90	73,7	20,5

Fluid	T_{AI} (°C)	T_s (°C)	T_c (°C)	p_c (MPa)	T_{vap} (°C)	p_{max} (MPa)	T_{kon} (°C)	p_{min} (kPa)	η_{KP} (%)
Wasser	k.A.	0	374	22,06	213	2,00	90	70,1	18,7
Perfluor-n-Oktan	k.A.	-23	225	1,48	221	1,38	90	60,9	18,2
Dekamethyl-cyklopentasiloxan	392	-38	346	1,16	300	0,59	116	5,0	15,7
Dodekamethyl-pentasiloxan	350	-81	355	0,95	300	0,41	132	5,0	15,1
Perfluor-n-Heptan	k.A.	-51	202	1,61	198	1,51	90	128,2	14,3
Dekamethyl-tetrasiloxan	350	-68	326	1,23	300	0,82	102	5,0	12,6
Isopentan	420	-160	187	3,38	154	2,00	90	577,7	9,1

Es besteht eine starke Relation zwischen dem thermischen Wirkungsgrad und der Verdampfungstemperatur (Abb. 37 a). Diese wird von 300 °C abgesenkt, wenn der Dampfdruck des Fluids 2 MPa überschreitet. Die höchsten Wirkungsgrade werden erzielt, wenn auf eine Überhitzung verzichtet wird, die Verdampfung bei der maximal möglichen Temperatur erfolgt und das Fluid direkt von der Taulinie in die Turbine expandiert. Eine Überhitzung führt zwangsläufig dazu, dass ein hoher Anteil an Wärme unter der maximal möglichen Temperatur aufgenommen wird, da die isotherme Verdampfung bei einer tieferen Temperatur erfolgt. Somit sinkt die thermodynamische Mitteltemperatur der Wärmeaufnahme und folglich auch der thermische Wirkungsgrad. Dies bedeutet, dass ein zu hoher Dampfdruck nachteilig ist.

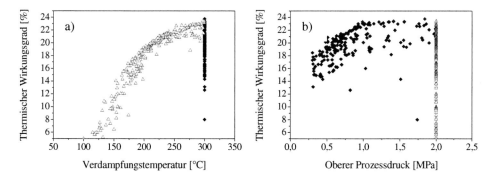

Abb. 37: Zusammenhang zwischen thermischem Wirkungsgrad und Verdampfungstemperatur (a) bzw. oberem Prozessdruck (b) mit T_{max} = 300 °C und T_{min} = 90 °C. Dreiecke symbolisieren Fluide mit einer niedrigeren Verdampfungstemperatur und einem oberen Prozessdruck von 2 MPA. Gefüllte Rauten stehen für Fluide mit einer Verdampfung bei der maximalen Prozesstemperatur und einem korrespondierenden Dampfdruck als oberem Prozessdruck.

Gemäß Abb. 37 b steigen die Wirkungsgrade auf ca. 23,5 % bei 1 MPa an und halten anschließend dieses Effizienzniveau. In Übereinstimmung mit dem Prinzip der korrespondierenden Zustände haben Fluide mit einem niedrigen Dampfdruck bei der oberen Prozesstemperatur auch einen niedrigen Dampfdruck bei der Kondensatortemperatur, der oft unter den geforderten 5 kPa liegt. Dies führt dazu, dass das Modell die Kondensationstemperatur anhebt, bis der Dampfdruck 5 kPa erreicht. Daraus resultiert eine kleinere Temperaturdifferenz zwischen Wärmequelle und –senke, was zu niedrigeren Wirkungsgraden führt. Ab dem oben erwähnten oberen Prozessdruck von 1 MPa überschreitet der Dampfdruck mancher Fluide die geforderten 5 kPa bei der Kondensatortemperatur von 90 °C. Somit kann der Kreisprozess zwischen der gesamten Temperaturspanne ablaufen. Anschließend wird ein Plateau erreicht, das mit dem steigenden Energiebedarf für die Speisepumpe erklärt werden kann. Dies bedeutet, dass ein gewisser Mindestdampfdruck von ca. 1 MPa nötig ist. Ab diesem relativ niedrigen Druck ist eine weitere Leistungssteigerung durch einen höheren Prozessdruck nicht mehr möglich.

Um diese Effekte und den Einfluss weiterer Parameter zu demonstrieren, wird eine detaillierte Analyse für die homologe Reihe von Toluol bis n-Butylbenzol und das oft eingesetzte OMTS durchgeführt. In der homologen Reihe nimmt das Molekülgewicht systematisch zu. Damit korreliert ein abnehmender Dampfdruck, der hier von besonderem Interesse ist.

Das Ergebnis der Berechnung und typische Fluideigenschaften können der Tab. 10 entnommen werden. Um den Einfluss der Verdampfungsenthalpie (h_5 - h_4) zu verdeutlichen, wird deren Anteil an der zugeführten Enthalpie ($h_{5ü}$ - h_3) angegeben. Da mehrere Effekte in komplexem Zusammenspiel sich wechselseitig überlagern und den Wirkungsgrad beeinflussen, ist hier zusätzlich der Wirkungsgrad für den idealen Fall ohne Druckverlust im Rekuperator angegeben. Die Interpretation erfolgt zunächst für diesen hypothetischen Fall.

Für Toluol weist die Verdampfung eine hohe Enthalpie auf, diese erfolgt jedoch auf einem niedrigen Temperaturniveau. Dies bedingt, dass Toluol den niedrigsten Wirkungsgrad in der homologen Reihe aufweist.

Tab. 10: Thermodynamische Eigenschaften und Ergebnisse ausgewählter Fluide für T_{max} = 300 °C.

Fluid	T_c	p_c	p_{max}	T_{vap}	$\dfrac{h_5 - h_4}{h_{5'} - h_3}$	p_{min}	T_{kon}	$\eta_{KP, ideal}$	η_{KP}
	(°C)	(MPa)	(MPa)	(°C)	%	kPa	°C	%	%
OMTS	291	1,44	1,34	286	16%	13,8	90,0	22,5	21,1
Toluol	319	4,11	2,00	262	42%	54,1	90,0	23,2	22,7
Ethylbenzol	344	3,61	2,00	297	37%	24,3	90,0	24,3	23,4
n-Propylbenzol	365	3,20	1,41	300	41%	11,4	90,0	24,9	23,4
n-Butylbenzol	388	2,89	0,92	300	45%	5,0	90,4	25,3	22,6

N-Butylbenzol hat den höchsten Wirkungsgrad und die niedrigsten Prozessdrücke. Es verdampft bei der maximalen Prozesstemperatur und seine Kondensatortemperatur ist nur leicht erhöht. OMTS verdampft bei einer höheren Temperatur als Toluol, aber seine Verdampfungsenthalpie ist deutlich kleiner. Es hat die niedrigste Effizienz der hier aufgeführten Fluide.

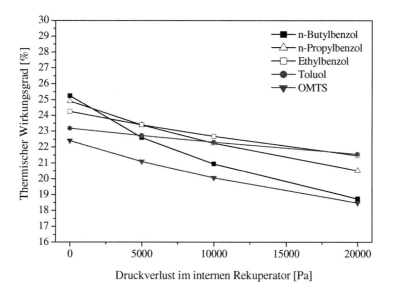

Abb. 38: Abhängigkeit des thermischen Wirkungsgrads des ORC vom Druckverlust im internen Rekuperator.

Für die Annahme eines Rekuperators ohne Druckverluste lassen sich die Wirkungsgrade anhand des Verdampfungsverhaltens erklären. Wie kommt es aber zu dem tatsächlichen Bild, wenn Druckverluste berücksichtigt werden? Der Unterschied zwischen dem idealen und dem tatsächlichen Wirkungsgrad steigt mit der homologen Reihe, so dass Ethyl- bzw. Propylbenzol den höchsten Wirkungsgrad aufweisen. An dieser Stelle ist es interessant, sich ein Bild davon zu machen, was bei höheren Druckverlusten geschieht (Abb. 38). Im theoretischen Idealfall ohne Druckverlust steigt wie gezeigt der Wirkungsgrad mit dem Molekulargewicht der Substanzen der homologen Reihe. Dies kann durch obige Überlegungen erklärt werden. Genau das gegenteilige Bild zeigt sich bei einem Druckverlust von 20 kPa. In diesem Fall scheint ein hoher Dampfdruck von Vorteil zu sein. Die Erklärung für dieses Verhalten ist, dass durch den Druckverlust im Rekuperator in der Turbine ein kleinerer Druckunterschied zur Arbeitsgewinnung abgebaut werden kann.

Die in der Turbine gewonnene Arbeit ist etwa proportional zum Logarithmus des Druck-verhältnisses:

$$w_{\text{Turbine}} \sim \ln \frac{p_{\max}}{p_{\text{kon}} + \Delta p_{\text{IR}}} \tag{46}$$

Somit verringert der Druckverlust im internen Rekuperator die erzeugte Arbeit überpro-portional für Fluide mit einem niedrigen Dampfdruck.

Es überlagern sich mehrere Effekte. Fluide mit einem niedrigen Dampfdruck - solange dieser nicht zu einer signifikanten Anhebung der Kondensationstemperatur führt - erscheinen zu-nächst vorteilhaft. Sie haben eine hohe Verdampfungsenthalpie, die sie bei der maximalen Temperatur aufnehmen, und benötigen weniger Pumpenenergie. Dem wirkt die überpro-portionale Reduzierung der Turbinenarbeit durch den internen Rekuperator entgegen. Es er-gibt sich je nach Vorgabe der Parameter ein optimales Fluid.

Die aufgezeigten Zusammenhänge bewirken auch, dass sich die Abhängigkeit des thermischen Wirkungsgrads von der oberen Prozesstemperatur komplexer darstellt, als man zunächst vermuten möchte (Abb. 39). Zwar steigen die Wirkungsgrade erwartungsgemäß mit der oberen Prozesstemperatur, wobei der Wirkungsgradzuwachs bei einem Temperaturanstieg von 250 °C auf 350 °C zwischen 4,5 % für OMTS und 6,9 % für N-Butylbenzol liegt. Das Schneiden der Effizienzlinien lässt sich jedoch nur mit dem oben Dargestellten erklären. Der Druckverlust im Rekuperator führt dazu, dass bei einer niedrigen oberen Prozesstemperatur Fluide mit hohem Dampfdruck von Vorteil sind. Mit steigender Temperatur erhöht sich der negative Einfluss der Überhitzung, so dass z.B. der Wirkungsgrad des Toluols mit steigender Temperatur unter den der anderen Alkylbenzole fällt.

Der Turbinenwirkungsgrad ist offensichtlich von großem Einfluss auf den thermischen Wirkungsgrad (Abb. 40). Der thermische Wirkungsgrad verliert unabhängig vom Fluid bei einem jeweils 10 Prozentpunkte schlechteren Turbinenwirkungsgrad 2,0 bis 2,5 Prozent-punkte.

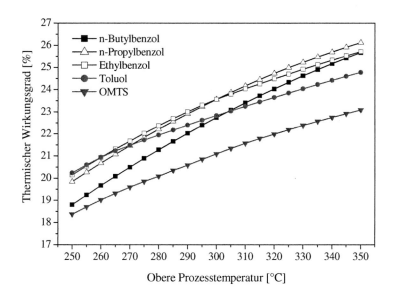

Abb. 39: Thermischer Wirkungsgrad des ORC in Abhängigkeit von der oberen Prozesstemperatur für ausgewählte Fluide.

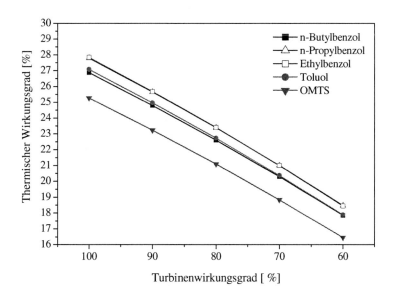

Abb. 40: Abhängigkeit des thermischen Wirkungsgrads des ORC vom Turbinenwirkungsgrad.

Der Einfluss der Effizienz der Speisepumpe ist gering (Abb. 41). Abweichungen vom Referenzwert 75 % führen zu Änderungen im thermischen Wirkungsgrad von einem Zehntel Prozentpunkt bis maximal einem halben Prozentpunkt. Der Einfluss der Speisepumpe ist für OMTS am höchsten, da dessen Massenstrom etwa doppelt so hoch wie für die Alkylbenzole ist.

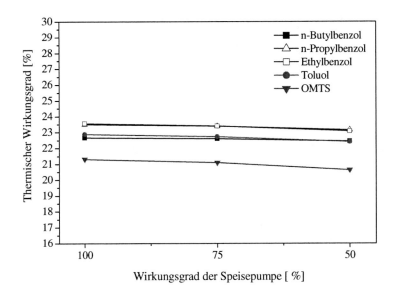

Abb. 41: Abhängigkeit des thermischen Wirkungsgrads des ORC vom Wirkungsgrad der Speise-pumpe.

Erwartungsgemäß nimmt der Wirkungsgrad mit steigender Kondensationstemperatur ab (Abb. 42). Eine Temperaturspanne von 10 °C führt zu einem Wirkungsgradunterschied von ca. 1 Prozentpunkt. Eine vermeintliche Ausnahme stellt Butylbenzol dar, bei dem der Wirkungsgrad bei 80 °C und 90 °C gleich zu bleiben erscheint. Dies ist darauf zurück-zuführen, dass bei einer potenziellen, unteren Prozesstemperatur von 80 °C der Druck von Butylbenzol unter die erforderlichen 5 kPa fällt und die Kondensationstemperatur angehoben wird. Es treten fluidspezifische Effekte auf, die dazu führen, dass sich Effizienzlinien schneiden. So hat das bei 100 °C noch etwas niedriger liegende Ethylbenzol unter 90 °C einen höheren Wirkungsgrad als Propylbenzol.

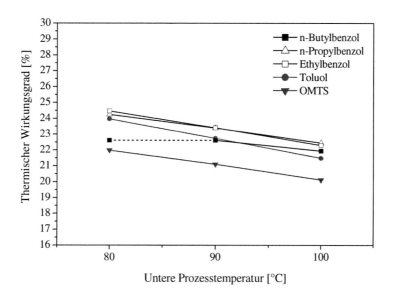

Abb. 42: Abhängigkeit des thermischen Wirkungsgrads des ORC von der Kondensationstemperatur.

4.1.2   Biomasseheizkraftwerk

Die oben gezeigten thermischen Wirkungsgrade des Kreisprozesses sind für sich alleine nicht aussagekräftig. Erst die im Zusammenspiel mit dem Anlagenkonzept resultierende Stromausbeute erlaubt eine Beurteilung des Energiesystems. Hierfür werden 8 Anlagenkonzepte (Tab. 11) miteinander verglichen. Auf Grund des höheren exergetischen und ökonomischen Werts von elektrischer Energie wird die Stromausbeute als wichtigste Bewertungsgröße herangezogen (Abb. 45).

Für den Referenzfall wird mit einer Umgebungstemperatur von 15 °C, einer Luftfeuchte von 60 %, einem λ von 1,5 und einer Holzfeuchte von 40 % gerechnet. Der Einfluss von λ und der Holzfeuchte wird durch Sensitivitätsanalysen aufgezeigt. Für eine obere Prozesstemperatur von 270 °C werden die Fluide OMTS, Ethylbenzol, Propylbenzol und Butylbenzol analysiert. Für 300 °C wird OMTS nicht berücksichtigt, da sein kritischer Punkt unter 300 °C liegt und für die Energiesystemanalyse nur der unterkritische ORC ohne Überhitzung analysiert wird. Toluol wird auf Grund des sehr hohen Dampfdrucks ebenfalls nicht betrachtet.

Tab. 11:   Anlagenkonzepte.

	ECO	BV	ECO +2 TÖK	2 TÖK	MSA	LuVo	2 TÖK +LuVo	MSA +LuVo
	1	2	3	4	5	6	7	8
Luftvorwärmer						✔	✔	✔
Economiser	✔		✔					
2 Thermoöl-kreisläufe			✔	✔			✔	
Massenstrom-aufspaltung					✔			✔

Die Wärmeausbeute zeigt nur eine geringe Abhängigkeit vom Fluid (Abb. 43) und weist für die meisten Anlagenkonzepte akzeptable Werte auf. Diese liegen nur für das zweite und in geringerem Umfang für das vierte Konzept deutlich unter den anderen Werten, da hier das Rauchgas bei niedrigen Temperaturen weder für die Wärme- noch die Stromerzeugung verwendet wird. Dies zeigt sich auch im Brennstoffausnutzungsgrad, der abgesehen von den Konzepten 2 und 4 in einem engen Band zwischen 72 % und 77 % liegt. Ein Wasser-Economiser führt zu einer hohen Wärmeausbeute, ist aber zwangsläufig mit einer niedrigen Stromausbeute verbunden. Optimierte Anlagenkonzepte (5 bis 8) ohne Economiser haben eine höhere Stromausbeute bei niedrigerer Wärmeausbeute. Dabei fällt auf, dass in dieser Gruppe die Wärmeausbeute mit der Stromausbeute ansteigt. Dieser zunächst überraschende Befund lässt sich folgendermaßen erklären. Die Wärmebereitstellung ist durch die Auskopplung aus dem Kondensator an den Kraftprozess in einem festen Verhältnis gekoppelt. Wenn durch eine verstärkte Niedertemperaturnutzung mehr Rauchgasenthalpie dem Kraftprozess zugeführt wird, erhöht sich zwangsläufig auch die Wärmeausbeute, da weniger Abwärme anfällt.

Bei einer höheren Turbineneintrittstemperatur (Abb. 44) ähneln sich die Bilder mit dem Unterschied, dass die Stromausbeute steigt und die Wärmeausbeute sinkt. Der Kraftprozess erzeugt aus der zugeführten Enthalpie mehr Strom und weniger Abwärme, die für Heizzwecke genutzt werden kann. Der Brennstoffausnutzungsgrad bleibt dabei etwa konstant.

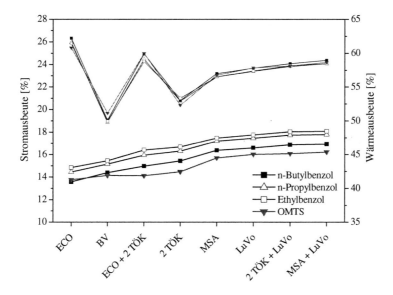

Abb. 43: Strom- und Wärmeausbeute in Abhängigkeit vom Anlagenkonzept und ORC-Fluid für eine Turbineneintrittstemperatur von 270 °C. Große Symbole stehen für die Stromausbeute und kleine Symbole für die Wärmeausbeute.

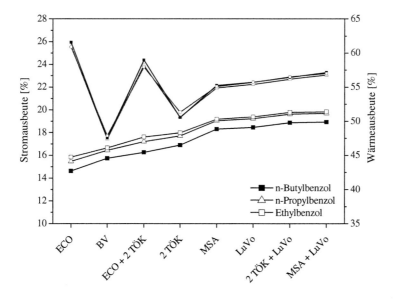

Abb. 44: Strom- und Wärmeausbeute in Abhängigkeit vom Anlagenkonzept und ORC-Fluid für eine Turbineneintrittstemperatur von 300 °C. Große Symbole stehen für die Stromausbeute und kleine Symbole für die Wärmeausbeute.

Für eine detaillierte Analyse (Abb. 45) der Stromausbeute wird das dem Ethylbenzol sehr ähnliche n-Propylbenzol nicht weiter betrachtet, um die Übersichtlichkeit zu wahren. Die Stromausbeute steigt mit der Turbineneintrittstemperatur um ca. 1 bis 2 Prozentpunkte. Der Einsatz eines optimalen Fluids an Stelle des OMTS weist ähnliche Werte auf. Ein optimales Anlagenkonzept steigert die Stromausbeute je nach Fluid um 2,5 bis über 4 Prozentpunkte. Dieser Anstieg ist einem höheren Wärmeausnutzungsgrad zu verdanken, indem mehr Niedertemperaturwärme dem Kreisprozess zugeführt wird.

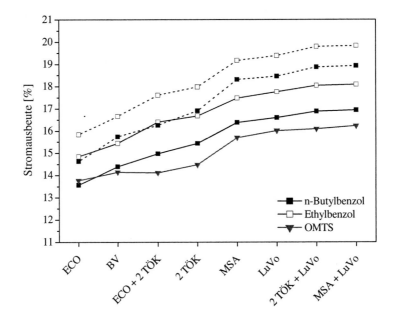

Abb. 45: Stromausbeute in Abhängigkeit vom Anlagenkonzept und ORC-Fluid. Die gestrichelt verbundenen Punkte entsprechen einer Turbineneintrittstemperatur von 300 °C, die durchgezogen verbundenen Punkte einer Turbineneintrittstemperatur von 270 °C.

Der Einfluss der Holzfeuchte ist gering (Abb. 46). Feuchtes Holz führt zu zwei Effekten. Zum einen wird die chemisch gebundene Energie im Holz zur Verdampfung des Wassers benötigt und zum anderen erhöht sich der Inertgasanteil im Rauchgas, der aufgewärmt werden muss. Die Verdampfung des Wassers wird dadurch berücksichtigt, dass der Heizwert in Abhängigkeit der Feuchte berechnet wird. Somit besteht hier per definitionem kein Einfluss auf den Wirkungsgrad. Der zusätzliche Rauchgasanteil ist insofern nachteilig, als sich der Anteil der Niedertemperaturenthalpie erhöht, der je nach Konzept mehr oder weniger gut genutzt wird.

Eine Holztrocknung ist insofern sinnvoll, als weniger Holz zur Erzeugung von Strom oder Wärme benötigt wird. Überdies berechnet sich der Holzeinkaufspreis meist nach der Feuchte, was zu wirtschaftlichen Vorteilen auf der Seite der Brennstoffkosten führt. Eine Trocknung ist jedoch nur zu empfehlen, wenn diese durch Lagerung oder eine ansonsten nicht genutzte Niedertemperatur-Wärmequelle erfolgt. Bei optimierten Anlagenkonzepten insbesondere mit Luftvorwärmung ist eine Holztrocknung in der Biomasseanlage nicht möglich. Hier ist sie auch nicht zweckmäßig, da sie nicht die elektrische Leistung erhöht, die meist höher anzusetzen ist als die Brennstoffeinsparung.

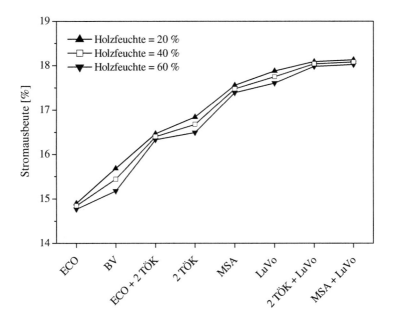

Abb. 46: Stromausbeute von Ethylbenzol in Abhängigkeit von der Holzfeuchte und dem Anlagenkonzept.

Der Einfluss von λ und seine Abhängigkeit vom Anlagenkonzept (Abb. 47) lässt sich an Hand der Basisvariante und den Konzepten mit Luftvorwärmung erklären. Bei der Basisvariante kann die Wärme nur bis zum Pinch Point von Rauchgas und Thermoöl genutzt werden. Diese Temperatur ist für jedes λ gleich. Da der Massenstrom des Rauchgases bei höherem λ jedoch höher ist, geht auch mehr Wärme verloren. Bei einer Luftvorwärmung wird diese Niedertemperaturwärme größtenteils wieder dem Prozess zugeführt, so dass sich hier die unterschiedlichen Massenströme kaum auf die Stromausbeute auswirken.

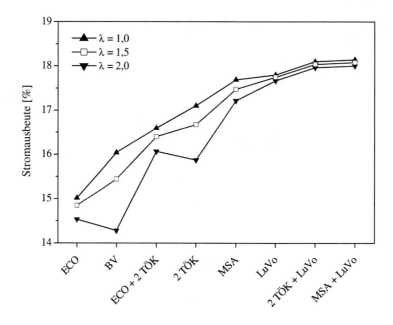

Abb. 47: Stromausbeute von Ethylbenzol in Abhängigkeit vom Verbrennungsluftverhältnis λ und dem Anlagenkonzept.

Ein abschließender Vergleich des bisherigen Standardkonzepts mit einer optimierten Variante (Tab. 12) zeigt, dass der ORC für Biomasseanwendungen ein energetisches Optimierungspotenzial von 6 Prozentpunkten hat, was einer relativen Steigerung von über 40 % entspricht.

Tab. 12: Vergleich des Standard-ORC und verbesserter Varianten mit dem Referenzprozess.

Fluid	Anlagen-konzept	Obere Prozess-temperatur	Strom-ausbeute β	$\dfrac{\beta - \beta_{OMTS}}{\beta_{OMTS}}$	$\dfrac{\beta}{\eta_{RP}}$
OMTS	ECO	270 °C	13,8 %	entfällt	34,6 %
OMTS	MSA + LuVo	270 °C	16,2 %	17,8 %	40,6 %
Ethylbenzol	ECO	270 °C	14,8 %	7,8 %	37,1 %
Ethylbenzol	MSA + LuVo	270 °C	18,1 %	31,3 %	45,3 %
Ethylbenzol	MSA + LuVo	300 °C	19,8 %	44,0 %	49,7 %

Dabei wird das durch den Referenzprozess vorgegebene Potenzial von η_{RP} = 39,9 % etwa zur Hälfte ausgeschöpft. Diese deutliche Steigerung der Effizienz ist durch die optimale Kombination von Anlagenkonzept und Fluid in Verbindung mit einer Erhöhung der Prozesstemperatur möglich. Für das Fluid OMTS kann der Wirkungsgrad um ca. 2,5 Prozentpunkte gesteigert werden.

4.1.3   Nichtthermodynamische Kriterien

Alle oben aufgeführten Substanzen haben eine Maximale-Arbeitsplatz-Konzentration (MAK), die über 50 ml/m^3 liegt (Tab. 13). Ethylbenzol wird nach der MAK- und BAT-Werte-Liste (BAT = Biologischer Arbeitsplatz-Toleranzwert) als eventuell krebserregend (3A) eingestuft [*DFG* 2006], während es nach den Technischen Regeln Gefahrstoffe (TRGS) und der EU-Stoffliste als nicht krebserregend gilt. Bei den Alkylbenzolen ist in der Praxis eventuell mit einer Verunreinigung durch Benzol zu rechnen. N-Propylbenzol, n-Butylbenzol und OMTS sind in der MAK- und BAT-Werte-Liste nicht aufgeführt. Für n-Propylbenzol ist der Wert für Isopropylbenzol angegeben, während für n-Butylbenzol davon ausgegangen wird, dass es nicht giftiger als die anderen Alkylbenzole ist, da die Toxizität überwiegend durch den Benzolring bedingt ist. Für OMTS hat ein Hersteller einen günstigen, hohen MAK-Wert angegeben. Im Betrieb von ORC-Anlagen kann sich jedoch Formaldehyd abspalten. Für Vergleichszwecke sind zusätzlich die MAK-Werte von Formaldehyd, Benzol und Ammoniak aufgeführt. Benzol gilt als keimzellmutagen mit nachgewiesener Wirkung beim Menschen.

Tab. 13:   MAK-Werte und Kanzerogenität ausgewählter Fluide.

Fluide	CAS-N	Toxizität
Toluol	108-88-3	MAK: 50 ml/m^3
Ethylbenzol	100-41-4	DFG-Kat.:3A / MAK: 100 ml/m^3
n-Propylbenzol	103-65-1	(MAK: 50 ml/m^3)
n-Butylbenzol	104-51-8	k.A.
OMTS	107-51-7	200 ml/m^3
Formaldehyd	50-00-0	DFG-Kat.: 4 / MAK: 0,3 ml/m^3
Benzol	71-43-2	DFG-Kat.: 1
Ammoniak	7664-41-7	MAK: 20 ml/m^3

Als Obergrenze der chemischen Stabilität wird für Toluol 400 °C [*Angelino* und *Invernizzi* 1993] bzw. sogar 480 °C [*Scholten* 1980] angegeben. Aufgrund der chemischen Ähnlichkeit kann somit für die Gruppe der Alkylbenzole von einer ausreichend hohen Stabilität ausgegangen werden. OMTS wird momentan als Fluid verwendet und gilt unterhalb von ca. 290 °C als stabil. Darüber setzt die chemische Zersetzung ein.

4.2   Geothermie

Für geothermische Anwendungen lässt sich die obere Prozesstemperatur des ORC nicht so eindeutig festlegen wie für Biomasseheizkraftwerke. Dafür ist die Interaktion zwischen Fluid und Energiesystem weniger komplex. Deshalb wird hier direkt der elektrische Wirkungsgrad berechnet, da sich die Rechenzeiten im Rahmen halten. Prinzipiell gilt auch hier für den thermischen Wirkungsgrad des Kreisprozesses, dass eine Wärmeaufnahme bei möglichst hohen Temperaturen erfolgen sollte.

4.2.1   Einstufiger Organic Rankine Cycle

Es ergibt sich wie oben beschrieben (siehe Kap. 2.2.4) für jedes Fluid eine ideale Verdampfungstemperatur. Für Isobutan liegt diese Temperatur bei 74 °C und führt zu einer Nettoleistung von 4146 kW. In Abb. 48 zeigt sich die typische Abhängigkeit der Leistungsabgabe von der Verdampfungstemperatur. Die Leistung steigt zunächst an, die Wirkungsgradgewinne überwiegen die durch den Pinch Point verursachte Verminderung des Fluidmassenstroms. Im Maximum halten sich Wirkungsgradzuwachs und Massenstromrückgang die Waage. Anschließend kann der höhere Wirkungsgrad den sinkenden Massenstrom nicht mehr ausgleichen und die Leistung sinkt ab.

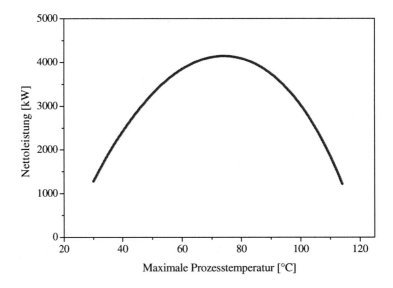

Abb. 48:   Abhängigkeit der Nettoleistung von der maximalen Prozesstemperatur des Standard-ORC mit Isobutan.

Es finden sich in der Datenbank ca. 60 thermodynamisch geeignete Fluide, von denen die meisten in einem Leistungsbereich zwischen 4500 und 4000 kW liegen (Abb. 49).

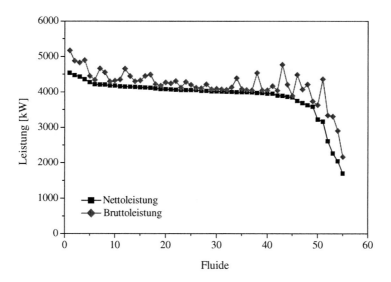

Abb. 49: Netto- und Bruttoleistung potenzieller Fluide für den Standard-ORC.

Tab. 14: Kennwerte potenzieller Fluide für den Standard-ORC bei einer Thermalwassertemperatur von 125 °C. GWP = Global Warming Potential.

Fluid	GWP	T_c	p_c	P_{netto}	T_{max}	p_{max}	p_{min}	$\dot{m}_{KP}$	T_{TW}	η_{KP}
		(°C)	(MPa)	(kW)	(°C)	(MPa)	(MPa)	(kg/s)	(°C)	(%)
1,1,1,2,3,3,3-Hepta-fluorpropan / R 227 ea	2900	102	2,9	4535	85	2,0	0,39	338	51	10,0
Dekafluorbutan / R 31 (1B)	7000	113	2,3	4471	78	1,1	0,23	416	54	10,3
Oktafluorcyklobutan / R C 318	8700	115	2,8	4429	78	1,3	0,27	352	54	10,2
1,1,1,2,2-Pentafluor-propan / R 245 cb	560	107	3,1	4354	78	1,7	0,40	275	51	9,6
1,1,1,2,3,3-Hexafluor-propan / R 236 ea	1200	139	3,4	4274	74	0,9	0,17	223	58	10,4
Perfluor-n-pentan / R 41 (12)	7500	150	2,0	4217	74	0,4	0,07	377	59	10,5

Fluid	GWP	T_c	p_c	P_{netto}	T_{max}	p_{max}	p_{min}	$\dot{m}_{KP}$	T_{TW}	η_{KP}
		(°C)	(MPa)	(kW)	(°C)	(MPa)	(MPa)	(kg/s)	(°C)	(%)
2-Chlor-1,1,1,2-Tetra-fluorethan / R 124	470	123	3,7	4206	75	1,4	0,33	253	54	9,7
1,1,1,3,3-Penta-fluorpropan / R 245 fa	950	154	3,6	4182	73	0,7	0,12	178	59	10,3
1,1,1,2-Tetrafluor-ethan / R 134 a	1300	101	4,1	4153	101	2,0	0,57	187	60	10,4
Isobutan / R 600 a	8	135	3,6	4146	74	1,2	0,30	108	57	10,0
Isopentan	k.A.	187	3,4	4029	72	0,4	0,08	97	61	10,4

Die höchsten Leistungen weisen teil- und vollfluorierte Alkane auf (Tab. 14). Stoffe, die nach der EU-Verordnung 2037/2000 [*EU* 2000] verboten sind, werden nicht in die Endauswahl aufgenommen. Da vollfluorierte Kohlenwasserstoffe ein sehr hohes Treibhauspotenzial haben, sind teilfluorierte Substanzen zu bevorzugen. Diese haben eine ca. 5 - 10 % höhere Leistung als übliche ORC-Fluide wie Isobutan oder Isopentan.

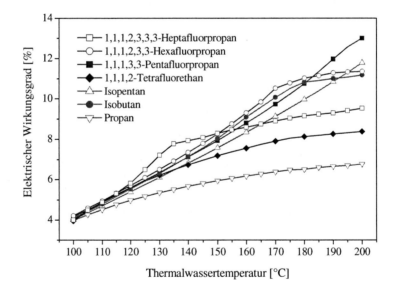

Abb. 50: Elektrischer Wirkungsgrad potenzieller ORC-Fluide mit einstufiger Betriebsweise bei Thermalwassertemperaturen von 100 °C bis 200 °C.

Je nach Thermalwassertemperaturen haben verschiedene Fluide den höchsten elektrischen Wirkungsgrad (Abb. 50). Auffällig sind die Kurvenverläufe von Heptafluorpropan und

Isobutan mit einem deutlichen „Knick". Dies kann dadurch erklärt werden, dass bei diesen Temperaturen der maximale Prozessdruck erreicht wird und auf einen weniger effizienten Kreisprozess mit Überhitzung ausgewichen werden muss. Propan und Tetrafluorethan liegen von Anfang an auf Grund ihres hohen Dampfdrucks am oberen Prozessdruck, was durchgehend zu einer Überhitzung und somit zu einer abnehmenden Steigung führt. Isopentan hat eine annähernd lineare Steigung, da es auf höhere Thermalwassertemperaturen mit einer Druckerhöhung und Anhebung der Verdampfungstemperatur reagieren kann. Im Temperaturbereich bis 150 °C ist Heptafluorpropan das optimale Fluid, anschließend folgt Hexafluorpropan. Generell liegen die Wirkungsgrade im unteren Temperaturbereich nahe beieinander, während sie sich im oberen Bereich deutlich unterscheiden.

Eine mögliche Einschränkung kann die minimale Thermalwassertemperatur sein. Bei einer maximalen Thermalwassertemperatur von 125 °C hat eine Mindesttemperatur von 60 °C in den meisten Fällen keine Auswirkung, da das Thermalwasser bei der optimalen ORC-Auslegung oft nicht unter diese Grenze abgesenkt wird. In den restlichen Fällen sinkt die Leistung gewöhnlich um ca. 1 % bis 2 %, in Einzelfällen um bis zu 3 %. Bei einer Kühlwassereintrittstemperatur von 20 °C statt der ansonsten angenommenen 10 °C vermindert sich die Leistungsabgabe um 23 %.

4.2.2   Zweistufiger Organic Rankine Cycle

Beim Organic Rankine Cycle mit zwei Druckstufen liegt die optimale Verdampfungstemperatur der Hochdruckstufe zwischen 85 °C und 95 °C und die der Niederdruckstufe zwischen 50 °C und 60 °C. Am Beispiel des Isobutans (Abb. 51) lässt sich die Sensitivität einer Abweichung von den idealen Temperaturen beobachten. Die idealen Verdampfungstemperaturen sind 55 °C und 89 °C, Abweichungen von jeweils 5 °C haben geringe Auswirkungen auf die Leistung.

Das Screening ergibt 45 Fluide, von denen ca. 25 eine ähnliche Effizienz im Bereich von 5050 kW bis 4900 kW aufweisen (Abb. 52). Dies ist darauf zurückzuführen, dass das Konzept mit zwei Druckstufen thermodynamische Unterschiede der Fluide größtenteils auszugleichen vermag. Es stehen somit mehrere geeignete Fluide zur Verfügung, unter denen anhand weiterer Kriterien wie Betriebssicherheit oder Umweltschutz gewählt werden kann.

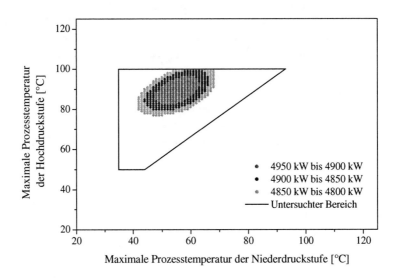

Abb. 51: Nettoleistung eines zweistufigen ORC mit Isobutan in Abhängigkeit von der Verdampfungstemperatur der Hoch- und Niederdruckstufe bei einer Thermalwassertemperatur von 125 °C.

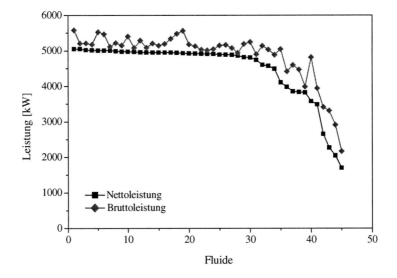

Abb. 52: Netto- und Bruttoleistung potenzieller Fluide für den zweistufigen ORC bei einer Thermalwassertemperatur von 125 °C.

Es überwiegen teil- und vollhalogenierte Kohlenwasserstoffe (Tab. 15). Die bekannten Fluide Pentan und Perfluorpentan haben für den optimalen Betrieb der Niederdruckstufe einen zu niedrigen Dampfdruck.

Tab. 15: Kennwerte potenzieller Fluide für den zweistufigen ORC.

Fluid	GWP	T_c	p_c	P_{netto}	T_2	T_1	p_2	p_1	p_{min}	$\dot{m}_{KP}$	T_{TW}	η_{KP}
		°C	MPa	kW	°C	°C	MPa	MPa	MPa	kg/s	°C	%
1,1,1,2,3,3,3-Hepta-fluorpropan / R 227 ea	2900	102	2,9	5050	120	55	0,20	1,04	0,39	313	55	11,8
1,1,1,3,3-Pentafluor-propan / R 245 fa	950	154	3,6	5047	89	56	0,99	0,42	0,12	206	48	10,7
1,1,2-Trifluorethan / R 143	300	157	5,2	5012	88	54	1,38	0,57	0,19	139	47	10,5
Oktafluorcyklobutan / R C 318	8700	115	2,8	5008	94	59	1,82	0,82	0,27	382	47	10,6
2-Chlor-1,1,1,2-Tetra-fluorethan / R 124	470	123	3,7	5007	90	54	1,95	0,86	0,33	297	42	9,8
1,2-Difluorethan / R 152	140	172	4,3	5006	87	53	0,91	0,40	0,14	119	47	10,5
1,1,1,2,3,3-Hexafluor-propan / R 236 ea	1200	139	3,4	4989	89	55	1,23	0,52	0,17	250	49	10,8
2-Chlor-1,1,1-Trifluor-ethan / R 133 a	k.A.	157	3,8	4974	88	54	1,06	0,47	0,17	219	46	10,3
Chlorethan / R 160	k.A.	187	5,3	4968	87	53	0,89	0,38	0,13	113	48	10,5
1-Chlor-1,1-Difluor-ethan / R 142 b	2000	137	4,0	4954	89	55	1,67	0,77	0,29	209	45	10,1
Dichlorfluormethan	210	178	5,2	4950	86	53	0,98	0,43	0,15	185	47	10,4
Isobutan / R 600 A	8	135	3,6	4945	89	55	1,61	0,77	0,30	125	46	10,3
Isopentan	k.A.	187	3,4	4909	88	55	0,55	0,24	0,08	113	50	10,8
Perfluor-n-Pentan / R 41 (12)	7500	150	2,0	4739	89	56	0,57	0,24	0,07	395	55	11,1

Mit dem Ansteigen der maximalen Thermalwassertemperatur steigt der elektrische Wirkungs-grad in unterschiedlichem Maße (Abb. 53). Bis 130 °C liegen die meisten Fluide nahe beiein-ander, mit Ausnahme von Tetrafluorethan und Propan, die einen hohen Dampfdruck haben. Der mit der Temperatur ansteigende Dampfdruck in Verbindung mit der Randbedingung, dass der Prozessdruck auf 20 bar beschränkt ist, führt dazu, dass bei steigenden Temperaturen die Unterschiede in der Effizienz immer größer werden. Über den ganzen Temperaturbereich geeignete Fluide sind 1,1,1,3,3-Pentafluorpropan und mit Einschränkungen Hexafluorpropan und Isopentan. Die beiden letzteren weisen jedoch im unteren Temperaturbereich einen zu niedrigen Druck für die Niederdruckstufe auf.

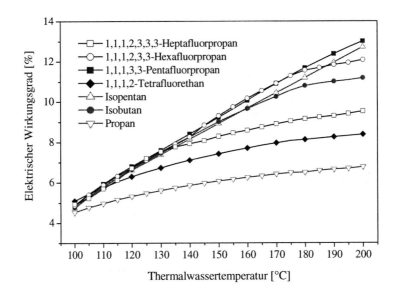

Abb. 53: Elektrischer Wirkungsgrad potenzieller ORC-Fluide für den zweistufigen ORC bei Thermalwassertemperaturen von 100 °C bis 200 °C.

Die in Abb. 53 gezeigten Kurvenverläufe können anhand Abb. 54 interpretiert werden. Bei einer Thermalwassertemperatur von 100 °C ist die absolute Verdampfungsenthalpie der Niederdruckstufe größer als die der Hochdruckstufe. Mit steigenden Temperaturen dreht sich dieses Bild um, bis die Niederdruckstufe vollständig wegfällt. Die Verdampfungstemperatur der Hochdruckstufe steigt mit der Thermalwassertemperatur, bis sie die mit dem Dampfdruck von 20 bar korrelierende Temperatur von 103 °C erreicht. Ab dieser Temperatur sinkt die Effizienz leicht, da optimalerweise die Verdampfung bei höheren Temperaturen stattfinden würde, wenn es keine Druckbeschränkung gäbe. Dies führt schließlich bei 200 °C dazu, dass der Pinch Point zum Beginn der Vorerwärmung wandert. Die durch die Druckbeschränkung notwendige Überhitzung bedingt ein deutliches Abknicken der Effizienzkurve in Abb. 53. In diesem Fall ist eine zweistufige Betriebsweise ohne Vorteil, da deren Ziel die Entschärfung des oberen Pinch Points ist. Somit findet bei höheren Temperaturen ein Übergang von der zweistufigen zur einstufigen Betriebsweise statt.

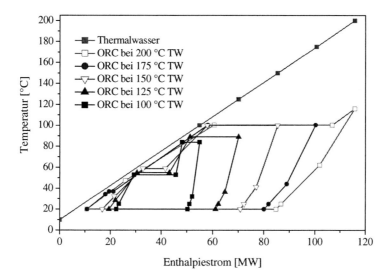

Abb. 54: *T, Ḣ* -Diagramm für den zweistufigen ORC mit Isobutan für Thermalwassertemperaturen von 100 °C bis 200 °C. Die Niederdruckturbine ist nicht dargestellt (vgl. Abb. 34).

Für den Fall einer einzuhaltenden Mindesttemperatur von 60 °C ergibt sich für eine Eintrittstemperatur von 125 °C eine Leistungseinbuße von 5 %. Diese schwächt sich mit steigenden Temperaturen ab, da der Wärmestromanteil unter 60 °C bezogen auf den gesamten Wärmestrom kleiner wird. Eine um 10 °C erhöhte Kühlwassertemperatur vermindert die Leistung um 22 %.

4.2.3   Überkritischer Organic Rankine Cycle

Durch die Vorgabe einer kritischen Temperatur unter 125 °C verbleiben nur 37 Substanzen für die thermodynamische Berechnung. Nach der Berücksichtigung der chemischen Stabilität bzw. des Ozonabbaupotenzials erhält man 12 Fluide (Tab. 16), von denen nur 6 zu höheren Leistungen führen als ein normaler einstufiger Prozess mit ca. 4500 kW. Dies ist darauf zurückzuführen, dass sich bei einer relativ hohen kritischen Temperatur ein ähnlicher Pinch Point wie bei einer Verdampfung ergibt, da in der Nähe des kritischen Punktes die Isobaren flach verlaufen. Auf höhere Drücke kann in diesem Fall nicht ausgewichen werden, da sonst die Expansion durch das Nassdampfgebiet hindurch erfolgen würde. Dies führt dazu, dass für diese Substanzen der unterkritische Prozess effizienter ist, im Falle des 1,1-Difluorethans ein Prozess mit Überhitzung. Difluormethan hat einen kritischen Druck über dem festgesetzten Maximaldruck von 50 bar, so dass hier ebenfalls ein unterkritischer Prozess erfolgt.

Tab. 16: Kennwerte potenzieller Fluide für den überkritischen ORC bei einer Thermalwasser-temperatur von 125 °C.

Fluid	GWP	T_c	p_c	P_{netto}	T_{max}	p_{max}	p_{min}	$\dot{m}_{KP}$	T_{TW}	η_{KP}
		°C	MPa	kW	°C	MPa	MPa	kg/s	°C	%
Propan / R 290	15	97	4,2	5330	110	4,5	0,84	113	49	11,4
1,1,1,2,3,3,3-Heptafluor-propan / R 227 ea	2900	102	2,9	5327	118	3,0	0,39	273	62	13,8
Difluormethan / R 32	650	78	5,8	5303	118	5,0	1,47	144	44	10,8
Pentafluorethan / R 125	3400	66	3,6	4967	119	5,0	1,20	311	52	11,2
1,1,1-Trifluorethan / R 143 a	4300	73	3,8	4860	110	5,0	1,11	223	50	10,6
Oktafluorpropan / R 218	7000	72	2,7	4712	103	5,0	0,77	537	38	8,9
1,1,1,2-Tetrafluorethan / R 134 a	1300	101	4,1	4494	120	4,8	0,57	165	65	12,4
Dekafluorbutan / R 31 (1B)	7000	113	2,3	4455	78	1,1	0,23	415	54	10,3
Oktafluorcyklobutan / R C 318	8700	115	2,8	4414	77	1,2	0,27	357	53	10,1
1,1-Difluorethan / R 152 a	140	113	4,5	4111	113	2,0	0,51	105	67	11,7
1,1,2,2-Tetrafluorethan / R 134	1000	119	4,6	4105	73	1,8	0,46	199	53	9,4
1,1,1,2,2-Pentafluor-propan / R 245 cb	560	107	3,1	3472	120	3,6	0,40	151	82	13,2

Für den überkritischen Prozess ergibt sich eine starke Abhängigkeit des elektrischen Wirkungsgrades von der maximalen Thermalwassertemperatur (Abb. 55). Teilhalogenierte Kohlenwasserstoffe beherrschen das Bild. Im unteren Temperaturbereich zeigt Heptafluor-propan die höchste Leistung, gefolgt von Chlortetrafluorethan und Hexafluorpropan für den oberen Temperaturbereich. Charakteristisch ist der sigmoidale Kurvenverlauf der einzelnen Fluide mit einer hohen Steigung beim Übergang vom normalen einstufigen Prozess zum über-kritischen Prozess. Je nach kritischem Punkt tritt dieses Verhalten bei entsprechenden Tempe-raturen auf. 1,1,1,3,3-Pentafluorpentan weist jedoch nur den Beginn des Übergangs auf und Isopentan wechselt generell nicht in den überkritischen Modus. Nach dem Übergangsbereich verläuft die Steigung flacher als im unterkritischen Bereich. Dies liegt in der Eigenart des ORC begründet. Mit steigender Turbineneintrittstemperatur steigt auch die Austritts-temperatur. Gekoppelt über den internen Rekuperator steigt ebenfalls die Temperatur des ORC-Fluids vor dem Thermalwasservorwärmer. Somit kann das Thermalwasser nur bis zu diesem Punkt abgekühlt werden, da bei überkritischer Betriebsweise und hohen Thermal-wassertemperaturen der untere Pinch Point relevant ist. Die daraus resultierende schlechtere

Wärmeausnutzung bedingt ein langsameres Ansteigen des Wirkungsgrades mit der Thermalwassertemperatur.

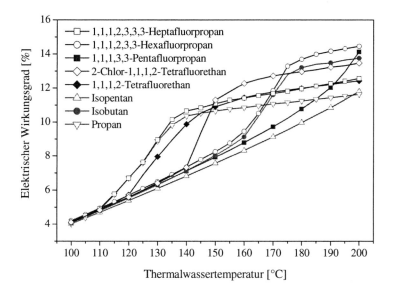

Abb. 55: Elektrischer Wirkungsgrad potenzieller ORC-Fluide mit überkritischer Betriebsweise bei Thermalwassertemperaturen von 100 °C bis 200 °C.

Für den Fall, dass das Thermalwasser nicht unter 60 °C abgekühlt werden darf, ergibt sich im unteren Temperaturbereich eine Leistungseinbuße von ca. 5 % und im Übergangsbereich von bis zu 13 %. Bei einer Eintrittstemperatur des Kühlwassers von 20 °C reduziert sich die Leistungsabgabe um 21,2 %.

4.2.4   Kalina Cycle System 34

Der Kalina Cycle KCS 34 wird im Wesentlichen von den Parametern Verdampfungsdruck und Ammoniakgehalt im Fluid beeinflusst. Der Verdampfungsdruck beim Kalina Cycle ist vergleichbar der Verdampfungstemperatur beim ORC, die dort in Abhängigkeit vom Fluid den Druck festlegt. Dementsprechend stellt sich beim Kalina Cycle ein ähnlicher Verlauf der Leistung mit einem Optimum bei mittleren Drücken ein (Abb. 56). Für einen Ammoniakanteil von 95 % kann keine Leistung für niedrige Drücke berechnet werden, da diese Zustände oberhalb der Siedelinie liegen und eine Überhitzung notwendig wäre.

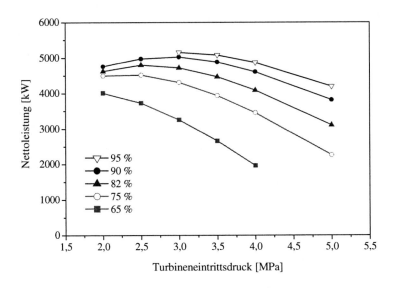

Abb. 56: Nettoleistung des KCS 34 in Abhängigkeit von Verdampfungsdruck und Ammoniakkonzentration bei einer Thermalwassertemperatur von 125 °C.

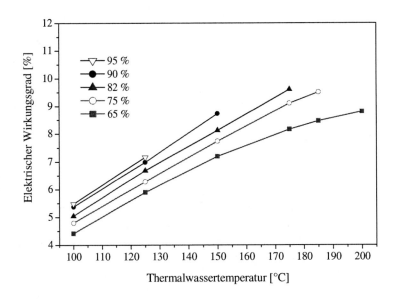

Abb. 57: Elektrischer Wirkungsgrad bei Thermalwassertemperaturen von 100 °C bis 200 °C in
Abhängigkeit des Ammoniakanteils.

Für höhere Thermalwassertemperaturen (Abb. 57) verkleinert sich das thermodynamisch mögliche Zustandsgebiet auf Grund der Druckbeschränkung von 50 bar immer mehr. Es kann nur noch für niedrige Ammoniakkonzentrationen eine Berechnung durchgeführt werden. Dies führt dazu, dass die Leistung nur unterproportional anwächst. Bei 200 °C ist schließlich eine Berechnung nur für einen Ammoniakanteil von 65 % möglich. Geht man davon aus, dass höhere Drücke möglich wären, erhält man mit einer linearen Extrapolation für 200 °C einen potenziellen elektrischen Wirkungsgrad von ca. 12 %. Für eine Kühlwassereintrittstemperatur von 20 °C reduziert sich die Leistungsabgabe um 20,5 %.

4.2.5 Kalina System Geotherm

Für den SG 2 liegen Angaben des Herstellers von 125 °C bis 200 °C vor (Tab. 17). Bei 150 °C wird vom SG 2a zum SG 2d gewechselt. Eine 10 °C höhere Kühlwassertemperatur führt bei einer Thermalwassertemperatur von 125 °C zu einer Leistungseinbuße von 20 %.

Tab. 17: Kennwerte des System Geotherm.

	SG 2a	SG 2a	SG 2a	SG 2d	SG 2d	SG 2d
Thermalwassertemperatur (°C)	125	125	150	150	175	200
Kühlwasser Eintritt (°C)	20	10	10	10	10	10
Kühlwasser Austritt (°C)	27	17	17	17	17	17
Bruttoleistung (kW)	4227	5263	8114	7964	11665	14439
Pumpenleistung (kW)	172	165	194	193	293	407
Nettoleistung (kW)	4055	5098	7920	7771	11372	14032
η_{KP} (%)	10,7	12,3	15,1	14,8	18,3	20,0
η_{el} (%)	6,3	7,3	9,3	9,1	11,3	12,1

4.2.6 Vergleich

Für einen Vergleich des ORC mit dem Kalina Cycle werden sieben Varianten des ORC mit der Standardvariante sowie einer optimierten Variante des KCS 34 und dem SG 2 nebeneinander gestellt. Für den ORC werden die zwei typischen Fluide Pentan und Butan sowie Heptafluorpropan betrachtet. Der einstufige ORC mit dem oft verwendeten Pentan wird als Referenz herangezogen. Für Heptafluorpropan wird auch die überkritische Betriebsweise dargestellt. Der KCS 34 wird zum einen mit der aus der Literatur [DiPippo 2004, Köhler 2005] angegebenen Ammoniakkonzentration und zum anderen mit einer höheren Konzentration gezeigt. Letzteres ist als eine theoretische Obergrenze des KCS 34 zu betrachten, da hier sehr große Wärmetauscherflächen notwendig wären.

Die einstufige Betriebsweise weist den niedrigsten Wirkungsgrad auf (Abb. 58, Tab. 18). Dabei zeigt sich eine starke Abhängigkeit von der Fluidauswahl. Hierauf folgt der KCS 34 in der Standardausführung. Bei der zweistufigen Betriebsweise sind die Unterschiede zwischen den einzelnen Fluiden geringer. Auf dem gleichen Niveau liegt der theoretisch optimale KCS 34 und der SG 2. Die höchste Leistung weist der überkritische ORC auf.

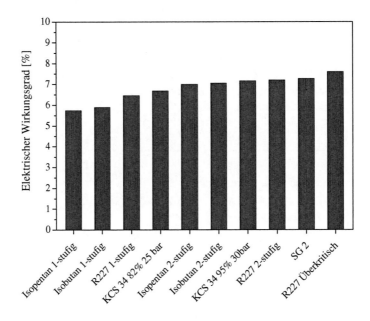

Abb. 58: Elektrischer Wirkungsgrad des ORC und des Kalina Cycle bei einer Thermalwasser-temperatur von 125 °C. R 227 steht für Heptafluorpropan.

Die benötigte Pumpenenergie hängt sehr vom eingesetzten Fluid ab (Tab. 18). Sie ist für Isobutan und Heptafluorpropan deutlich höher als für das Ammoniak-Wasser-Gemisch des Kalina Cycle. Dies führt dazu, dass hier die Bruttoleistung überproportional im Vergleich zum Kalina Cycle ansteigt.

Tab. 18: Elektrischer Wirkungsgrad sowie Netto- und Bruttoleistung des ORC und des Kalina Cycle bei einer Thermalwassertemperatur von 125 °C. ÜK = Überkritisch, Pentan und Butan stehen jeweils für die Iso-Formen.

	Organic Rankine Cycle							KCS 34		SG 2
	1-stufig			2-stufig			ÜK	82 %	95 %	
	Pentan	Butan	R 227	Pentan	Butan	R 227	R227	2,5 MPa	3,0 MPa	
Bruttoleistung (kW)	4107	4448	5171	5012	5335	5698	6100	4797	5156	5263
Prozess-pumpen (kW)	77	302	640	103	391	648	789	112	133	165
Nettoleistung (kW)	4030	4146	4535	4909	4945	5050	5327	4685	5023	5098
η_{el} (%)	5,7	5,9	6,4	7,0	7,1	7,2	7,6	6,7	7,2	7,3
$\dfrac{\eta_{el} - \eta_{Pentan}}{\eta_{Pentan}}$ (%)	-	3,5	12,3	22,8	24,6	26,3	33,3	17,5	26,3	28,1

Bei der Betrachtung des elektrischen Wirkungsgrades in Abhängigkeit von der Thermalwassertemperatur (Abb. 59) zeigt sich für den einstufigen und superkritischen ORC ein welliger Kurvenverlauf. Dies hängt mit den unterschiedlichen Fluiden zusammen, die bei der jeweiligen Temperatur den höchsten Wirkungsgrad aufweisen. Die anderen Kurvenverläufe sind stetiger, was ein Hinweis darauf ist, dass beim zweistufigen ORC durch das Anlagenkonzept die Fluideigenschaften ausgeglichen werden bzw. beim Kalina Cycle Druck- und Ammoniakkonzentrationen geeignet variiert werden können.

Im unteren Temperaturbereich ist die optimale Variante des KCS 34 am besten, gefolgt von der Standardvariante und dem zweistufigen ORC. Für den SG 2 liegt kein Wert vor, eine Extrapolation lässt auf ähnliche Werte schließen. Ab 120 °C hat der überkritische ORC - teilweise mit deutlichem Abstand - die höchsten Wirkungsgrade.

Der zweistufige ORC und der SG 2 haben über einen weiten Temperaturbereich ähnlich hohe Wirkungsgrade. Dabei muss man berücksichtigen, dass der SG 2 nicht für den hohen Temperaturbereich entworfen wurde. Der einstufige ORC liegt naturgemäß unter dem zweistufigen ORC, nähert sich diesem aber bei höheren Temperaturen an. Ab 130 °C ist der einstufige ORC besser als der KCS 34. Als Standard-ORC wird ein einstufiger Prozess mit Isopentan herangezogen. Dieser liegt wesentlich unter den optimierten Varianten und verdeutlicht so die Höhe des Optimierungspotenzials. So ist der Wirkungsgrad des überkritischen ORC bei einer Thermalwassertemperatur von 125 °C ca. ein Drittel höher als der des Standard-ORC. Bei heißerem Thermalwasser kann der Effizienzvorteil auf über 50 % anwachsen.

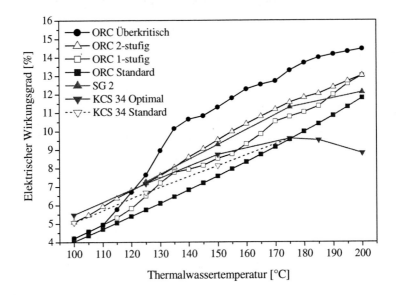

Abb. 59: Elektrischer Wirkungsgrad verschiedener Kreislaufkonzepte in Abhängigkeit von der maximalen Thermalwassertemperatur von 100 °C bis 200 °C.

Die Kühlwassertemperatur beeinflusst stark die Leistungsabgabe und liegt für alle Kreisprozesse in einem ähnlichen Bereich (Tab. 19). Dabei ergeben sich kaum Unterschiede zwischen den einzelnen Fluiden, so dass ein Mittelwert aussagekräftig ist. Je nach Art der Kühlung (direkte Kühlung mit einem Wasserstrom, Nass- oder Trockenkühlturm) erreicht man unterschiedliche Temperaturniveaus und ist mehr oder weniger stark von der Witterung abhängig.

Tab. 19: Mittlere Leistungseinbußen bei einer Kühlwassereintrittstemperatur von 20 °C statt 10 °C.

1-stufig	2-stufig	ÜK	KCS 34	SG 2	Dreiecks-prozess
22,7%	22,3%	21,2%	20,5%	20,5%	10,4%

Der exergetische Wirkungsgrad der Kreisprozesse liegt zwischen 30 % und 65 % (Abb. 60). Dies sind im Vergleich zu fossilen Kraftwerken mit ca. 40 % für einen einfachen Dampfkraftprozess durchaus gute Werte. Dies ist darauf zurückzuführen, dass hier die hohen Exergieverluste der Verbrennung nicht auftreten. In der Literatur finden sich für realisierte geothermische Kraftwerke Werte zwischen 21 % und 43 % [*DiPippo* 2004].

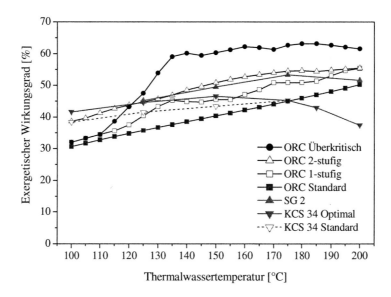

Abb. 60: Exergetischer Wirkungsgrad verschiedener Kreislaufkonzepte in Abhängigkeit von der maximalen Thermalwassertemperatur von 100 °C bis 200 °C.

4.2.7 Nichtthermodynamische Kriterien

Die hier vorgestellten Stoffe sind neben den thermodynamischen Aspekten nach ihrer Toxizität, dem Ozonabbaupotenzial (ODP) und der chemischen Stabilität bewertet worden. Als untere Grenze der Maximalen-Arbeitsplatz-Konzentration (MAK) werden 50 ppm festgesetzt. Stoffe sind nicht berücksichtigt worden, wenn ihr Einsatz nach der EU-Verordnung 2037/2000 [*EU* 2000] verboten ist.

Teilfluorierte Stoffe gelten als toxikologisch weitgehend unbedenklich und werden u.a. als Asthmasprays eingesetzt. Sie sind chemisch stabil, kaum brennbar und neigen nicht zur Explosivität. Im überkritischen Bereich von besonderem Vorteil sind die niedrigen kritischen Drücke, die niedrige Prozessdrücke erlauben. Ein Nachteil ist, dass sie im Fall einer Verbrennung giftige Fluorsäure bilden. Überdies haben sie ein sehr hohes Treibhauspotenzial. Dieses ist den vermiedenen CO_2-Emissonen gegenüberzustellen. Eine Abschätzung für 1,1,1,2,3,3-Fluorheptapropan zeigt, dass mit einer jährlichen Freisetzungsrate von 5 % die durch den Ersatz fossiler Kraftwerke erzielte Einsparung um ca. 10 % sinkt.

Alkane werden seit Jahrzehnten in ORC-Anlagen eingesetzt, so dass sie generell als geeignet gelten.

4.3 Wirtschaftlichkeit

Die Wirtschaftlichkeitsbetrachtung basiert gewöhnlich auf einer Abwägung der Investitionen und Betriebskosten gegen die generierten Einnahmen. Die Ermittlung der Investitionen ist ein schwieriges Unterfangen, da diese von vielen Faktoren wie Materialpreisen, Marktsituation usw. abhängen und Firmenauskünfte sich von tatsächlichen Angeboten deutlich unterscheiden können. Gleiches gilt für die Betriebskosten, die z.B. für die Holzpreise oder die Stromkosten der Tiefpumpe vom Standort abhängen. Im Vergleich dazu lassen sich die Einnahmen genau abschätzen, da über das EEG die Erlöse pro erzeugte Kilowattstunde festgelegt sind. Deshalb wird in der folgenden Betrachtung so vorgegangen, dass die Einnahmen von aufwändigeren Varianten mit den Standardvarianten verglichen werden. Dabei werden höhere Aufwendungen für die Speisepumpe und ein erhöhter Biomassebedarf berücksichtigt. Für den Bezug von Fremdstrom werden 10 ct/kWh und für Biomasse 20 €/MWh angesetzt. Gegen die so berechneten Netto-Zusatzeinnahmen wird versucht, die zusätzlichen Investitionen abzuschätzen.

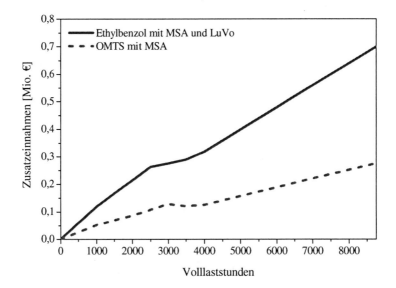

Abb. 61: Zusatzeinnahmen von ORC-Konzepten für Biomasse im Vergleich zum Standard-ORC mit OMTS.

Für die Stromerzeugung mit Biomasse wird von der höchstmöglichen Vergütung mit der Verbrennung von Waldhackschnitzeln sowie einem KWK- und Technik-Bonus im Jahr 2007 ausgegangen. Da die Vergütung auf Basis der mittleren Jahresleistung erfolgt, ergeben sich Preise von 21,0 bis 16,4 ct/kWh. Eine OMTS-Standardanlage mit einer Wärmeleistung von 5000 kW generiert bei 4000 Volllaststunden Einnahmen von ca. 925.000 € bzw. 250.000 € bei Berücksichtigung der Biomassekosten. Im Vergleich dazu hat eine Anlage mit Massenstromaufspaltung und OMTS als Fluid einen um 125.000 € höheren Ertrag (Abb. 61). Ethylbenzol als Fluid mit einer Massenstromaufspaltung und einer Luftvorwärmung weist um 320.000 € höhere Einnahmen auf. Mit steigenden Betriebsstunden steigen auch die Zusatzeinnahmen mit einer Ausnahme bei 3000 Volllaststunden. Dies ist auf die nichtlineare Preisgestaltung im EEG zurückzuführen.

Da Anlagen mit OMTS sowohl mit und ohne Massenstromaufspaltung realisiert werden, ist davon auszugehen, dass diese wirtschaftlich sind. Durch einen Fluidwechsel müssen die Wärmetauscher neu ausgelegt werden, was prinzipiell nicht zu höheren Kosten führen sollte. Einzig der Luftvorwärmer ist eine echte Zusatzinvestition. Die Kosten für diesen liegen im Bereich von einigen 10.000 Euro und somit weit unter den jährlichen Zusatzeinnahmen bei üblichen Volllaststunden.

Für die geothermische Stromerzeugung liegt die Vergütung für das Jahr 2007 bei 15 ct/kWh bis zu einer mittleren Leistung von 5 MW. Das bedeutet, dass je nach Kreisprozess die Vergütung erst ab 7000 bis 8000 Volllaststunden leicht absinkt. Als Referenz wird ein einstufiger ORC mit Isopentan verwendet (siehe auch Tab. 18). Dieser hat bei 4000 Volllaststunden Einnahmen von ca. 2,5 Mio. €. Der KCS 34 und der einstufige ORC mit einem optimalen Fluid führen in diesem Fall zu Mehreinnahmen von 400.000 € (Abb. 62). Der zweistufige ORC und der SG 2 liegen bei ca. 600.000 €, der überkritische ORC bei 900.000 €.

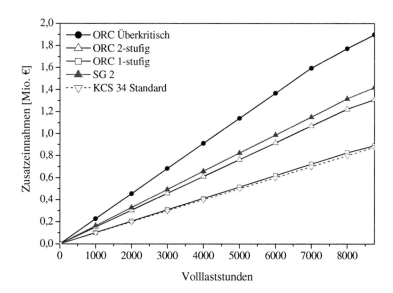

Abb. 62: Zusatzeinnahmen von geothermischen ORC- und Kalina-Konzepten im Vergleich zum einstufigen ORC mit Isopentan.

Die Kosten für die beiden Kalina-Systeme sind schwierig zu ermitteln, gesichert ist jedoch, dass diese über den Investitionen für einen einstufigen ORC liegen. Für den ORC kann davon ausgegangen werden, dass ein reiner Fluidwechsel rentabel ist, da neben einer unterschiedlichen Wärmetauscherauslegung, die als kostenneutral eingeschätzt werden kann, die Kosten für das Fluid gegebenenfalls sogar sinken können. Der zweistufige ORC benötigt höhere Investitionen. Zum einen sind zwei kleinere Verdampfer bzw. Vorwärmer in der Summe teurer als jeweils ein großer. Zum anderen wird eine zusätzliche Turbine benötigt. Diese Zusatzkosten liegen im Bereich von 1 Mio. €. Dies bedeutet, dass die zusätzlichen Investitionen sich nach 1 bis 2 Jahren amortisieren. Der überkritische ORC entspricht dem verbesserten einstufigen ORC mit aufwändigeren - da höherem Druck ausgesetzten - Wärmetauschern. Diese zusätzlichen Kosten dürften jedoch weit unterhalb der jährlichen Zusatzeinnahmen liegen.

5   Zusammenfassung und Ausblick

In dieser Arbeit sind die Optimierungspotenziale des Organic Rankine Cycle für biomasse-gefeuerte und geothermische Wärmequellen untersucht worden. Anlass hierfür waren die derzeit noch unbefriedigenden Wirkungsgrade in beiden Fällen. Zur Ermittlung des Potenzials wurde eine Software entwickelt, die für ca. 2000 Stoffe Kreisprozesse und die Interaktion mit Wärmequellen und –senken simuliert. Datenbasis ist die DIPPR-Datenbank, die für isotherme Zustandsänderungen mit der Peng-Robinson-Zustandsgleichung kombiniert wird. Prinzipiell stehen sowohl für Biomasse wie Geothermie die Optimierungsstrategien der Fluidauswahl und des Anlagenkonzept zur Verfügung. Dabei führen für Biomasseheizkraftwerke und geothermische Kraftwerke unterschiedliche Wege zum Erfolg.

Für den ORC in Biomasseanlagen steht eine Vielzahl an Fluiden zur Verfügung, mit denen die bisher erreichten Wirkungsgrade deutlich übertroffen werden können. Insbesondere die Familie der Alkylbenzole erscheint aussichtsreich. Ein ideales Fluid, dessen Vorwärmung mit Niedertemperaturwärme erfolgt und das nach der Expansion keinen Rekuperator benötigt, ist nicht gefunden worden. Ein interner Rekuperator verbessert die Effizienz erheblich. Als Anlagenkonzept empfiehlt sich eine Massenstromaufspaltung oder ein zweiter Thermoöl-kreislauf in Kombination mit einer Luftvorwärmung. Der leicht höhere Wirkungsgrad der Massenstromaufspaltung ist gegen den erhöhten Regelungsaufwand abzuwägen. Die Luftvor-wärmung ist eine einfache sowie effektive Methode und in jedem Fall sinnvoll. Eine Erhöhung der oberen Prozesstemperatur ist mit geeigneten Fluiden machbar und Erfolg versprechend. Die untere Prozesstemperatur sollte in Abstimmung mit dem Wärmever-braucher möglichst niedrig liegen. Der Druckverlust im internen Rekuperator sowie der Turbinenwirkungsgrad sind entscheidende Parameter zur Effizienzsteigerung. Der Einfluss der Holzfeuchte und des Verbrennungsluftverhältnisses hängt vom Anlagenkonzept ab. Dieser ist gering in bestehenden Anlagen mit Wasser-Economiser und bei einer Luftvor-wärmung. Eine höhere Stromerzeugung vermindert die Wärmeausbeute in vertretbarem Rah-men, so dass ein hoher Brennstoffausnutzungsgrad erreicht wird. Die Stromausbeute lässt sich von bisherigen 14 % auf 20 % steigern, was einer relativen Erhöhung von ca. 40 % entspricht.

Für die geothermische Stromerzeugung gibt es noch ein erhebliches Optimierungspotenzial. Da die Wirkungsgrade generell niedrig liegen, ist es umso wichtiger, dieses Potenzial in der Praxis zu realisieren. Hier ist der Pinch Point zwischen Thermalwasser und Fluid von ent-scheidender Bedeutung, da er die obere Prozesstemperatur und somit den Wirkungsgrad des Kreisprozesses stark beeinflusst. Den Einfluss des Pinch Points zu umgehen bzw. abzumil-dern ist das Ziel der Optimierungsstrategien. Die Auswahl eines optimalen Fluids für das Basiskonzept, den einstufigen ORC, erbringt eine signifikante Leistungssteigerung. Der Wir-kungsgrad erhöht sich weiterhin durch eine zweite Druckstufe. Dieser zweistufige ORC liegt bei einer Thermalwassertemperatur von 125 °C auf einem ähnlichen Niveau wie die beiden Kalina Cycle und hat den Vorteil, dass eine Vielzahl an Fluiden ähnlich gute Wirkungsgrade aufweist. Der Kalina Cycle Geotherm 2 bestätigt die höhere Effizienz gegenüber dem Kalina Cycle System 34 und dem einstufigen ORC. Im unteren Temperaturbereich zeigen sich Vorteile für die Kalina Cycle, während über 125 °C der zweistufige ORC und der überkritische ORC eine höhere Effizienz aufweisen. Letzterer ist der aussichtsreichste Kreisprozess, da er mit einem einfachen Anlagenkonzept die höchsten Effizienzsteigerungen verspricht. Hier ist die Fluidauswahl durch die kritische Temperatur der jeweiligen Fluide eingeschränkt und die Anlage muss für Drücke über dem kritischen Druck ausgelegt werden. Der Einfluss der Wärmesenke ist für alle Prozesse von großer Bedeutung. Es empfiehlt sich deshalb, dem Kühlkonzept hohe Beachtung zu schenken. Die Nettoleistung kann für eine Thermalwassertemperatur von 125 °C um ca. 30 % erhöht werden. Bei höheren Temperaturen ist ein Leistungszuwachs von über 50 % möglich.

Die Vermutung, dass ein signifikantes Optimierungspotenzial für den ORC vorhanden ist, wurde bestätigt. Sowohl für Biomasseanwendungen als auch die Geothermie sind deutliche Effizienzsteigerungen möglich. Eine Umsetzung dieser theoretischen Ergebnisse in die Praxis ist von Kraftwerksbauern teilweise schon erfolgt bzw. in naher Zukunft geplant. Somit wird diese Arbeit dazu beitragen, dass die Wettbewerbsfähigkeit erneuerbarer Energiequellen zunimmt und diese eine noch größere Verbreitung finden werden.

Themen zukünftiger Arbeiten sind der Einsatz von Gemischen insbesondere für die Geothermie. Ähnlich wie beim Kalina Cycle kann so eine nicht-isotherme Verdampfung erreicht werden, ein Vorteil, der jedoch gegen höhere Wärmetauscherflächen und eine allgemein erhöhte Komplexität der Anlage abgewogen werden muss. Desweiteren kann für größere geothermische Reservoire bei relativ hohen Temperaturen der Einsatz mehrerer Turbinen und damit auch eine drei- und mehrstufige Betriebsweise möglich sein.

Ein wichtiger Aspekt für die Geothermie ist der Einfluss der konkurrierenden Nutzung einer Wärmequelle sowohl zur Stromerzeugung als auch zur Wärmebereitstellung. In diesem Zusammenhang ist es weiterhin von Interesse, das Kühlverhalten über das Jahr und in Abhängigkeit von der geografischen Lage zu betrachten.

Weitere Einsatzgebiete für den ORC sind die Solarthermie und die Abwärmenutzung. Im Bereich Solarthermie sind vor allem kleinere Einheiten von Interesse. Die Abgasnutzung von Motoren ist eine weitere Abwärmequelle, die es wert ist, detailliert untersucht zu werden. Hier gibt es zum einen stationäre Anwendungen wie Blockheizkraftwerke. Zum anderen gibt es auch erste Automobilhersteller, die mit dem ORC die Antriebsleistung erhöhen wollen. Der Einsatz auf Schiffen ist eine weitere Option.

Überdies sind mit der vorhandenen Software neben der Berechnung des ORC auch umfassende Screenings für Fluide in der Kälte- und Wärmepumpentechnik möglich.

6 Summary and future work

In this study, the optimisation potential is determined for power generation by solid biomass and geothermal heat sources using Organic Rankine Cycle. The incentive is the unsatisfying low efficiency in both fields. Software has been developed to identify the potential. Cycle processes and the interaction with heat sources and sinks can be simulated for 2000 fluids. Data are taken from the DIPPR-database. Isothermal changes of state are calculated with the Peng-Robinson-equation of state. Possible optimisation paths for biomass-fired as well as geothermal applications are fluid selection and adapted plant designs.

For the ORC in biomass combined heat and power plants (CHP), many fluids are available, which are more efficient than currently used fluids. Especially, the family of alkylbenzenes is promising. An ideal fluid which can be preheated by low temperature heat and which does not need an internal recuperator after expansion has not been found. An internal recuperator improves efficiency significantly. As plant design, mass flow splitting or a second thermal oil cycle both with air preheating is recommended. The slightly higher efficiency of the mass flow splitting has to be weighed up against the higher control effort. Air preheating is a simple and effective method and in all cases of advantage. Upper process temperature can be raised with adequate fluids and is promising. Lower process temperature should be as low as possible regarding the needs of the heating cycle. The pressure drop in the internal recuperator as well as turbine efficiency has great effect on cycle efficiency. The influence of wood moisture and air to fuel ratio depends on plant design. It is low in plants with water economiser as well as in plants with air preheating. Higher power generation lowers heat production only slightly. Total fuel efficiency is high. The efficiency of power generation can be raised from 14 % up to 20 %, which equals a relative improvement of 40 %.

The optimisation potential for geothermal power generation is high. Generally, efficiency is low. The more important is the realisation of improvements. The pinch point between thermal water and fluid is of great relevance, because it influences upper process temperature and thus efficiency significantly. Aim of optimisation is to reduce the influence of the pinch point. Selection of an optimal fluid for standard plant design – single-stage ORC – raises efficiency observably. Efficiency rises further more by a second pressure stage. This double pressure ORC shows at a thermal water temperature of 125 °C similar efficiency like the Kalina cycle. It has the advantage that many fluids are adequate. The Kalina cycle Geotherm 2 confirms the higher efficiency in comparison with the Kalina cycle system 34 and the single-stage ORC. In the lower temperature range, the Kalina cycle is advantageous while above 125 °C the double-stage ORC as well as the supercritical ORC show higher efficiency. The supercritical ORC is the most promising power cycle. High efficiency with a simple plant design is possible. Fluid selection is restricted by the critical temperature of the fluids and the plant must be constructed for pressure level above the critical pressures.

The influence of the heat sink is of great importance for all cycles. It is recommended to pay high attention to the cooling concept. The optimisation potential at thermal water temperature of 125 °C amounts 30 % in comparison to current applications. At higher temperatures, power generation can be up to 50 % higher.

The assumption has been proven that optimisation potential for ORC is high. For biomass-fired and geothermal applications, efficiency can be raised significantly. These theoretical results are partly implemented by power plant producers or will be implemented in near future. Thus, this work will help to strengthen competitiveness and dissemination of renewable energies.

Future work will examine utilisation of fluid mixtures especially for geothermal applications. Similar to the Kalina cycle, a non-isothermal vaporisation can be achieved. This advantage has to be weighed up against the need of more heat exchanger area and a general higher complexity of the plant. Furthermore, the utilisation of more turbines for large geothermal reservoirs makes triple-stage or multi-stage ORC possible.

Another important aspect for geothermal applications is the influence of competitive utilisation of the heat source for power generation or heat supply. In this context, it is of interest to examine the cooling behaviour over the seasons and in dependence of the geographical position.

Further applications are solar thermal and waste heat ORC. For solar thermal applications, small units are interesting. The waste heat of engines is a heat source worth being investigated in detail. Stationary engines like combined heat and power plants are a typical field. Also, automobile producers intend to improve drive power by ORC. The application on ships is another option.

Furthermore, comprehensive fluid screenings are possible with the existing software in the field of cooling and heat pump technology.

Literatur

Agemar T., Alten J.-A., Kühne K., Maul A.-A., Pester S., Schulz R., Wirth W.: Aufbau eines geothermischen Informationssystems für Deutschland, Tagungsband zur 9. Geothermischen Fachtagung „Mehr Energie von unten", Karlsruhe 2006.

AIChE: American Institute of Chemical Engineers, Design Institute for Physical Properties (DIPPR®), project 801, evaluated process design data. Brigham Young University, USA, 2004. Homepage: http://dippr.byu.edu Stand: 18.01.2007.

Angelino G., Gaia M., Macchi E.: A review of Itailan activity in the field of Organic Rankine Cycles, Proceedings of the International VDI-Seminar held in Zürich "ORC - HP-Technology, Working fluid problems", VDI Berichte 539, 1984.

Angelino G., Invernizzi C.: Cyclic Methylsiloxanes as Working Fluids for Space Power Cycles, Transactions of the ASME, Journal of Solar Energy Engineering **115,** 130-137, 1993.

Angelino G., Colonna di Paliano P.: Multicomponent working fluids for organic Rankine cycles (ORCs), Energy **23,** 449-463, 1998.

Angelino G., Colonna di Paliano P.: Organic Rankine Cycles (ORCs) for energy recovery from molten carbonate fuel cells, 35th Intersociety Energy Conversion Engineering Conference (IECEC), American Institute of Aeronautics and Astronautics (AIAA-2000-3052) **2,** 1400-1409, 2000.

BGBl: Gesetz zur Neuregelung des Rechts der Erneuerbaren Energien im Strombereich, Bundesgesetzblatt Jahrgang 2004 Teil I Nr. 40, Bonn, 2004.

Bošnjaković F.: Technische Thermodynamik, Steinkopff Verlag, Darmstadt, 1997.

Chen Y., Lundquist P., Platell P.: Theoretical research of carbon dioxide power cycle application in automobile industry to reduce vehicle`s fuel consumption, Applied Thermal Engineering **25,** 2041-2053, 2005.

Chen Y., Lundquist P., Johansson A., Platell P.: A comparative study of the carbon dioxide transcritical power cycle compared with an organic rankine cycle with R123 as working fluid in waste heat recovery, Applied Thermal Engineering **26,** 2142-2147, 2006.

Delft: Cycle-Tempo Release 5.0, Delft University of Technology, Section Thermal Power Engineering, Netherlands, 2004.

Devotta S., Holland F.A.: Comparison of theoretical Rankine power cycle performance data for 24 working fluids, Heat Recovery Systems **5,** 503-510, 1985.

DiPippo R.: Geothermal power plants - principles, applications and case studies, Elsevier, Oxford, 2005.

DiPippo R.: Second law assessment of binary plants generating power from low-temperature geothermal fluids, Geothermics **33**, 565-586, 2004.

Duvia A., Gaia M.: ORC plants for power production from biomass from 0,4 MWe to 1,5 MWe: Technology, efficiency, practical experiences and economy, Paper presented at the 7th "Holzenergiesymposium", Zürich, Switzerland, 2002.

EU: Verordnung (EG) Nr. 2037/2000 des Europäischen Parlaments und des Rates vom 29. Juni 2000.

Gianfranco A., Colonna di Paliano P.: Multicomponent working fluids for organic Rankine cycles (ORCs), Energy **23**, 449–463, 1998.

Huppmann G., Weichselgartner J., Schmidt G.; Duré Gerhard, Öchslein Walter, Raasch E.: Abwärmenutzung in der Industrie unter Verwendung des organischen Rankine-Kreisprozesses (ORC). Forschungsbericht T 85-110 an das Bundesministerium für Forschung und Technologie, 1985.

IEA: Key world energy statistics, International Energy Agency, Paris, 2006.

Invernizzi C. und Bombarda P.: Thermodynamic performance of selected HCFS for geothermal applications, Energy **22**, 887-895, 1997.

Kalina A.I.: Power cycle and system for utilizing moderate and low temperature heat sources, United States Patent, Pub. No. US 2004/0182084 A1, 2004.

Kaltschmitt M., Hartmann H.: Energie aus Biomasse: Grundlagen, Techniken und Verfahren, Springer, Berlin, 2001.

Köhler S.: Geothermisch angetriebene Dampfkraftprozesse, Analyse und Prozessvergleich binärer Kraftwerke, Dissertation, Berlin 2005.

Köhler S., Saadat, A.: Thermodynamic Modeling of Binary Cycles Looking for Best Case Scenarios, International Geothermal Conference, Reykjavík, Island, 2003.

Lee M.J., Tien D.L., Shao C.T.: Thermophysical capability of ozonesafe working fluids for an organic Rankine cycle system, Heat Recovery Systems & CHP **13**, 409–418, 1993.

Lemmon E.W., Span R.: New equations of state for technical applications, Paper at the 15th Symposium on Thermophysical Properties, Boulder, USA, 2003.

LfU: Niedertemperaturverstromung mittels einer ORC-Anlage im Werk Lengfurt der Heidelberger Zement AG, Bayerisches Landesamt für Umweltschutz, 2001.

Liu B.T., Chien K.H., Wang C.C.: Effect of working fluids on organic Rankine cycle for waste heat recovery, Energy **29,** 1207-1217, 2004.

Lucas K.: Thermodynamik, Die Grundgesetze der Energie- und Stoffumwandlung, Springer, Berlin, 2004.

Maizza V., Maizza A.: Unconventional workings fluids in organic Rankine-cycles for waste heat recovery, Applied Thermal Engineering **21,** 381-390, 2000.

Merkel F., Bošnjaković F.: Diagramme und Tabellen zur Berechnung der Absorptions-Kältemaschine, Verlag von Julius Springer, Berlin, 1929.

Obernberger I., Thonhofer P., Reisenhofer E.: Description and evaluation of the new ORC process, Euroheat & Power **10,** 18-25, 2002.

Ormat: Ormat Technologies, Inc., Reno, Nevada, USA. Homepage: http://www.ormat.com. Stand: 18.1.2007.

Paschen H., Oertel D., Grünwald R.: Möglichkeiten geothermischer Stromerzeugung in Deutschland, Arbeitsbericht Nr. 84, Büro für Technikfolgenabschätzung beim Deutschen Bundestag, 2003.

Poling B.E., Prausnitz J.M., O'Connell J.P.: The Properties of Gases and Liquids, McGraw-Hill, New York, 2001.

Ray S.K., Moss G.: Fluorochemicals as working fluids for small Rankine cycle power units, Advanced Energy Conversion **6,** 89-102, 1966.

Sandler S. I.: Chemical and Engineering Thermodynamics, John Wiley and Sons Inc., New York, 1999.

Scholten, W.: Arbeitsmedien, Tagungsband „Antriebsenergie aus Abwärme", VDI-Bericht 377, 1980.

Schuster A., Karellas S., Karl J.: Innovative applications of organic Rankine cycle, Proceedings of the 19th International Conference on Efficiency, Cost, Optimization, Simulation and Environmental Impact of Energy Systems (ECOS), Aghia Pelagia, Greece, 2006.

Valderrama J.O.: The State of the Cubic Equations of State, Ind. Eng. Chem. Res. **42,** 1603-1618, 2003.

VDI: VDI-Richtlinie 4608 Blatt 1, Verein Deutscher Ingenieure, Düsseldorf, 2005.

Wagner W., Pruß A.: The IAPWS Formulation 1995 for the Thermodynamic Properties of Ordinary Water Substance for General and Scientific Use, Journal of Physical and Chemical Reference Data **31,** 387-538, 2002.

Wilding W.V., Rowley R.L., Oscarson J.L.: DIPPR® Project 801 evaluated process design data, Fluid Phase Equilibria **150-151,** 413-420, 1998.

Vorveröffentlichung

Teile dieser Arbeit wurden in verschiedenen Zeitschriften und auf Tagungen entsprechend der folgenden Liste in chronologischer Reihenfolge veröffentlicht:

U. Drescher, D. Brüggemann: Systematische Auswahl von Fluiden für den Organic Rankine Cycle (ORC). Thermodynamik-Kolloquium, Wittenberg, September 2004.

U. Drescher, K. Lang, D. Brüggemann: Energetische Bewertung verschiedener Anlagenkonzepte für Biomasseheizkraftwerke mit Organic-Rankine-Cycle (ORC). 7. Fachtagung VDI Energietechnik: Fortschrittliche Energiewandlung und- anwendung, Strom- und Wärmeerzeugung, Kommunale und industrielle Energieanwendungen, VDI-Berichte 1924, Leverkusen, 2006.

U. Drescher, K. Lang and D. Brüggemann: Energy analysis of biomass power and heat plants using organic Rankine cycle (ORC), Proceedings of the 19th International Conference on Efficiency, Cost, Optimization, Simulation and Environmental Impact of Energy Systems (ECOS), Aghia Pelagia, Greece, 2006.

U. Drescher, D. Brüggemann: Vergleich des Organic Rankine Cycle und des Kalina Cycle für geothermische Stromerzeugung, Tagungsband zur 9. Geothermischen Fachtagung „Mehr Energie von unten", Karlsruhe, 2006.

U. Drescher, D. Brüggemann: Fluid selection for the Organic Rankine Cycle (ORC) in biomass power and heat plants, Applied Thermal Engineering **27** 223-228, 2007.

Anhang

Peng-Robinson-Zustandsgleichung

ω Azentrischer Faktor

p_s Sättigungsdampfdruck

$$p = \frac{RT}{v-b} - \frac{a(T)}{v^2 + 2bv - b^2}$$

$$a(T) = a_c \, \alpha(T)$$

$$\alpha(T) = \left[1 + m \left(1 - \sqrt{T_r} \right) \right]^2$$

$$m = 0,37464 + 1,54226 \, \omega - 0,26992 \, \omega^2$$

$$\omega = -\ln \left(\frac{p_s}{p_c} \right)_{T_r = 0,7} - 1$$

$$T_r = \frac{T}{T_C}$$

$$a_C = 0,45724 \frac{R^2 T_C^2}{p_C}$$

$$b = 0,077796 \frac{R T_C}{p_C}$$

$$\frac{d\,a(T)}{dT} = a_C \cdot \left[-(1+m)\, m \frac{1}{\sqrt{T\,T_C}} + m^2 \frac{1}{T_C} \right]$$

In der Reihe „*Thermodynamik: Energie, Umwelt, Technik*", herausgegeben von Prof. Dr.-Ing. D. Brüggemann, bisher erschienen:

ISSN 1611-8421

1   Dietmar Zeh   Entwicklung und Einsatz einer kombinierten Raman/Mie-Streulichtmesstechnik zur ein- und zweidimensionalen Untersuchung der dieselmotorischen Gemischbildung

ISBN 978-3-8325-0211-9   40.50 €

2   Lothar Herrmann   Untersuchung von Tropfengrößen bei Injektoren für Ottomotoren mit Direkteinspritzung

ISBN 978-3-8325-0345-1   40.50 €

3   Klaus-Peter Gansert   Laserinduzierte Tracerfluoreszenz-Untersuchungen zur Gemischaufbereitung am Beispiel des Ottomotors mit Saugrohreinspritzung

ISBN 978-3-8325-0362-8   40.50 €

4   Wolfram Kaiser   Entwicklung und Charakterisierung metallischer Bipolarplatten für PEM-Brennstoffzellen

ISBN 978-3-8325-0371-0   40.50 €

5   Joachim Boltz   Orts- und zyklusaufgelöste Bestimmung der Rußkonzentration am seriennahen DI-Dieselmotor mit Hilfe der Laserinduzierten Inkandeszenz

ISBN 978-3-8325-0485-4   40.50 €

6   Hartmut Sauter   Analysen und Lösungsansätze für die Entwicklung von innovativen Kurbelgehäuseentlüftungen

ISBN 978-3-8325-0529-5   40.50 €

7   Cosmas Heller   Modellbildung, Simulation und Messung thermofluiddynamischer Vorgänge zur Optimierung des Flowfields von PEM-Brennstoffzellen

ISBN 978-3-8325-0675-9   40.50 €

8   Bernd Mewes   Entwicklung der Phasenspezifischen Raman-Spektroskopie zur Untersuchung der Gemischbildung in Methanol- und Ethanolsprays

ISBN 978-3-8325-0841-8   40.50 €